M. K. Gamit
V. G. Bavalgave

Estratégias eficazes de aplicação de azoto para o milho doce em Gujarat

M. K. Gamit
V. G. Bavalgave

Estratégias eficazes de aplicação de azoto para o milho doce em Gujarat

ScienciaScripts

Cover image: www.ingimage.com

This book is a translation from the original published under ISBN 978-620-8-41804-5.

Publisher:
Sciencia Scripts
is a trademark of
Dodo Books Indian Ocean Ltd. and OmniScriptum S.R.L publishing group

120 High Road, East Finchley, London, N2 9ED, United Kingdom
Str. Armeneasca 28/1, office 1, Chisinau MD-2012, Republic of Moldova, Europe
Managing Directors: Ieva Konstantinova, Victoria Ursu
info@omniscriptum.com

Printed at: see last page
ISBN: 978-620-8-61692-2

Conteúdo

RESUMO

Foi realizada uma experiência de campo na quinta da faculdade, N. M. College of Agriculture, Navsari Agricultural University, Navsari (GJ), durante a época *rabi* em 2017-18 para estudar a resposta do milho doce (*Zea mays* L. *saccharata*) a diferentes taxas e tempos de aplicação de azoto nas condições do sul de Gujarat. O experimento foi estabelecido em um projeto de bloco randomizado fatorial (FRBD) com três replicações. Os fatores consistiram em quatro níveis de nitrogênio, *ou seja,* 90 kg ha $^{-1}$ (N1), 120 kg ha (-1) (N2), 150 kg ha $^{-1}$ (N3) e 180 kg ha $^{-1}$ (N4) e quatro tratamentos de aplicação dividida, *ou seja* У2 basal + У2 na altura do joelho (T1), У2 basal + % na altura do joelho + % no tasseling (T_2), 1/3 basal + 1/3 na altura do joelho + 1/3 no tasseling (T_3), % basal + y2 na altura do joelho + % no tasseling (T4).Os resultados revelaram que o aumento do nível de nitrogênio de 90 (N1) para 180 (N4) kg ha $^{-1}$ aumentou significativamente os caracteres de crescimento *viz,* altura da planta, diâmetro do caule, número de folhas, atributos de rendimento *viz,* número de grãos por espiga, peso de grãos por espiga, peso de espiga por planta espiga verde e rendimento de forragem. Obteve-se uma espiga verde significativamente mais alta (132,94 q ha^{-1}) e rendimento forrageiro (307,29 q ha^{-1}) com retorno líquido (Rs.258239 ha^{-1}) e relação benefício: custo de 4,74 com 180 kg ha^{-1} de aplicação de azoto. A aplicação de nitrogênio em três divisões, *ou seja,* em % basal + Ц na altura do joelho + % de tasseling (T4) registrou caracteres de crescimento significativamente maiores, como altura da planta, diâmetro do caule, número de folhas, atributos de rendimento, *como* número de grãos por espiga, peso de grãos por espiga, peso de espiga por planta, espiga verde (126,99 q ha $^{-1)}$ e rendimento de forragem (293,14 q ha $^{-1}$) com retorno líquido (Rs.242739 ha $^{-1)}$ e relação benefício: custo de 4,47.

RECONHECIMENTO

"A gratidão é a forma mais requintada de memória"

O agradecimento é o último a ser escrito, o primeiro a ser colocado e o último a ser lido, mas ainda assim é a única oportunidade para agradecer a todos os responsáveis pela realização deste pequeno nove para a ciência.

Tenho o prazer e o privilégio de expressar a minha mais sincera gratidão ao meu venerável ***Conselheiro Principal, Dr. V. G. Bavalgave,*** *Professor Assistente de Agronomia, N. M. College of Agriculture, Navsari Agricultural University, Navsari, pela sua valiosa orientação, críticas construtivas, encorajamento constante e, especialmente, por ter criado em mim o espírito de pensamento crítico durante o curso desta investigação.*

Aproveito esta oportunidade para expressar os meus calorosos cumprimentos e sinceros agradecimentos aos membros do meu comité consultivo, ***Dr. Susheel Singh****, Professor Assistente (Química de Resíduos) do Laboratório de Testes de Qualidade Alimentar,* ***Dr. M. S. Dhudat,*** *Professor Assistente de Agronomia e* ***Dr. H. R. Pandya****, Professor de Estatística Agrícola, pela sua admirável orientação durante o período deste trabalho de investigação e curso de estudo.*

Gostaria de deixar registados os meus sinceros agradecimentos ao ***Dr. J. D. Thanki, Professor e Chefe do Departamento de Agronomia,*** *ao* ***Dr. R. M. Pankhaniya,*** *ao* ***Dr. N. N. Gudadhe,*** *ao* ***Dr. R. B. Ardeshana,*** *ao* ***Dr. K. J. Vihol,*** *ao* ***Prof. B. Tandel*** *e a todo o pessoal da quinta, bem como ao Departamento de Biblioteca da N. M. College of Agriculture, Navsari.*

Estou também grato ao Departamento de Estatística Agrícola por me ter proporcionado instalações para a análise estatística dos meus dados experimentais e ao Departamento de Química Agrícola e Ciência do Solo pela análise das amostras experimentais.

Estou muito grato ao Dr. C. J. Dangaria, Vice-Chanceler, N. A. U., Navsari e ao Dr. M. K. Arvadia, Diretor, N. M. College of Agril. Navsari por disponibilizarem as instalações necessárias

Tenho muita sorte em relação aos meus colegas, um agradecimento especial a ***Hiren, Gaurang, Darshan, Bobby, Sanyam, Visvash, Atul, Prerak, Jagdish. Mayank, Dhaval, Shrikumar, Satdev, Ranvir, Akshay, Bhavik, Dixit, Farid, Hasmukh, Utpal, Krishna, Vaidik, Nirav, Digvijay, Vasava, Monty, Akash, Aniyesh, Jayesh, Mathews*** *e* ***Sunil*** *pela sua ajuda desinteressada e contínua durante o meu estudo e trabalho de investigação.*

Não tenho palavras para expressar o sentimento de gratidão pelo apoio e compreensão demonstrados pelos membros da minha família ***Shri. Kantilal & Smt. Savitaben, Shri. Ashokbhai & Smt. Sarojben*** *e* ***Jignesh & Arista, Jagu*** *pela sua inspiração e bênção contínuas. Um agradecimento especial ao meu dinâmico e entusiasta* ***tio Yogeshbhai*** *e à minha* ***tia Vinilaben*** *e ao meu parceiro* ***Abhi*** *pelo seu encorajamento.*

Por último, apresento os meus cumprimentos àqueles cujos nomes me esqueci de mencionar aqui.

Local: Navsari

Data: julho de 2019

(M. K. Gamit)

CAPÍTULO - I

INTRODUÇÃO

O milho (*Zea mays* L.) é também conhecido como milho indiano e, nos Estados Unidos da América, é simplesmente conhecido como milho. É uma das culturas cerealíferas mais importantes na economia agrícola mundial e é utilizado tanto para a alimentação humana como para a alimentação animal.

A nível mundial, o milho é conhecido como a "Rainha dos Cereais" porque tem o maior potencial de rendimento genético entre os cereais. Sendo uma planta C_4, é capaz de utilizar a radiação solar de forma mais eficiente, mesmo com uma intensidade de radiação mais elevada. É uma das culturas mais versáteis, com maior adaptabilidade em condições agro-climáticas variadas.

O milho é uma cultura proeminente nas regiões tropicais, subtropicais e em partes do continente africano. É cultivado em cerca de 160 países com maior diversidade de solos, clima, biodiversidade e práticas de gestão das culturas. Entre os cereais, o milho ocupa o terceiro lugar, tanto em termos de área como de produção no mundo. Na Índia, no entanto, ocupa a quinta posição em termos de área e a quarta em termos de produção.

É cultivada numa superfície de 150 milhões de hectares, com uma produção de 782 milhões de toneladas de cereais e uma produtividade de 4,92 t ha^{-1}. Na Índia, é cultivada numa área de 6,4 milhões de hectares, com uma produção de 20,3 milhões de toneladas de cereais e uma produtividade de 2,43 t ha-1 , enquanto Gujarat ocupa uma área de 4,7 lakh ha, produzindo 12,2 lakh toneladas de cereais com uma produtividade de 2,59 t ha^{-1}. (Anónimo, 2016)

O milho contribui com 36% (782 milhões de toneladas) para a produção mundial de cereais. Os Estados Unidos da América (EUA) são o maior produtor de milho, contribuindo com quase 35% da produção total mundial, e o milho é o motor da economia americana. Os EUA têm a produtividade mais elevada ($>$ 9,6 t ha^{-1}), que é o dobro da média mundial (4,92 t ha^{-1}). Enquanto que a produtividade média na Índia e em Gujarat é de 2,43 t ha^{-1} e 2,59 t ha^{-1}, respetivamente. (Anónimo, 2016).

É um alimento básico importante para os seres humanos, uma alimentação significativa para animais e aves de capoeira, para além de ter uma enorme importância industrial e várias utilizações. As espigas de milho verde, assadas ao lume ou cozidas a vapor, são os pratos favoritos das populações urbanas.

É cultivado durante todo o ano em todos os Estados do país para vários fins, incluindo cereais, forragens, espigas verdes, milho doce, milho para bebé e pipocas em zonas periurbanas. Os estados predominantemente produtores de milho, que contribuem com mais de 80% da produção total de milho, são Andhra Pradesh (20,9%), Karnataka (16,5%), Rajasthan (9,9%), Maharashtra (9,1%), Bihar (8,9%), Uttar Pradesh (6,1%), Madhya Pradesh (5,7%) e Himachal Pradesh (4,4%). (Anónimo, 2016)

Desde as metrópoles até às zonas rurais dominadas pelas tribos, uma quantidade considerável de milho (*Zea mays* L.) é consumida em espiga verde no país. A procura do mercado não é satisfeita devido à indisponibilidade de uma tecnologia de produção adequada e de uma variedade apropriada para o consumo em espiga verde. Os agricultores não estão sensibilizados para as práticas culturais do milho doce nas condições do sul de Gujarat. Até à data, não foi feito muito trabalho sobre a tecnologia de produção de milho doce. Os requisitos de espaçamento e de gestão de nutrientes ainda não estão normalizados. Com o advento da agronomia do milho doce, o milho pode ser uma cultura muito rentável para os agricultores, particularmente os que residem em zonas periurbanas.

O milho doce (*Zea mays* L. *Saccharata*) tem sido cultivado com sucesso para fins hortícolas em países como os EUA, o Canadá, a Tailândia, Taiwan, a Indonésia e o Sri Lanka. O milho doce é uma cultura tipicamente americana. O termo "milho doce" é comummente utilizado na indústria alimentar. Trata-se de um novo produto económico do milho, com um teor de açúcar mais elevado nas espigas verdes (14-20%), mais saboroso e com um pericarpo (revestimento da semente) mais fino do que o do milho normal, o que o torna ideal para a diversificação e o aumento do valor acrescentado do milho, bem como para o crescimento da indústria de transformação alimentar. Tem um lugar de destaque como vegetal seguro e de qualidade. Não pode ser considerado como um alimento básico, mas é consumido fresco como um doce. Na Índia, a espiga verde de milho doce é consumida diretamente como espiga assada ou cozida nas cidades e arredores. A procura de milho doce em parques de diversões, teatros, circos e exposições está a aumentar com o aumento da população urbana. Contém Energia de 90 kcal, Carboidratos (19 g), Açúcar (3,2 g), Fibra alimentar (2,7 g), Gordura (1,2 g), Proteína (3,2 g), Vitamina A (10 µg), Folato (Vit. B9) (46 µg), Vitamina C (7 mg), Ferro (0,5 mg), Magnésio (37 mg) e Potássio (270 mg) valor nutricional por 100 g de semente de milho doce (banco de dados de nutrientes do USDA). (Anónimo, 2019)

Na Índia, o cultivo do milho doce é popular em Haryana, Maharashtra, Meghalaya, Karnataka e Andhra Pradesh. Para diversificar e obter culturas mais valiosas, atualmente está a ser dada maior ênfase ao cultivo do milho doce para aumentar o rendimento da comunidade agrícola que vive nos arredores das grandes cidades e metrópoles. O milho doce tornou-se um negócio multi-dólar devido ao seu potencial como produto de valor acrescentado para exportação e como bom substituto alimentar. Tem potencialidades não só no mercado nacional mas também no mercado internacional. O milho doce está a tornar-se popular e a ser cultivado nas zonas de produção de milho da Índia. Sendo uma cultura de elevado valor, há uma procura crescente de milho doce em hotéis de luxo para fazer sopa. Além disso, as sementes desta cultura são utilizadas para enlatamento e para a preparação de diferentes produtos doces. Os agricultores que vivem na periferia das cidades podem dedicar-se a esta cultura para obterem melhores lucros. A vantagem adicional do milho doce é que, após a colheita das espigas verdes, a cultura permanece na fase verde e é adequada para alimentar o gado como forragem verde. Devido à sua curta duração, está a encontrar lugar em diferentes sistemas de cultivo. Foi experimentado em diferentes culturas de baixo dossel, como amendoim, grama verde, grama preta e culturas de alto dossel, como grama vermelha, de diferentes durações como culturas intercalares, e foi considerado o mais adequado.

A falta de conhecimentos sobre a utilização e a importância económica do milho doce e a indisponibilidade de tecnologias de produção adequadas são os principais obstáculos à sua popularização entre os produtores de milho indianos. No que diz respeito a Gujarat, existe uma possibilidade adequada de que a produção de milho doce no Sul de Gujarat possa ser utilizada como substituto do arroz paddy, devido à disponibilidade de água de irrigação e ao facto de o milho doce ser uma cultura de curta duração; é mais adequado nos sistemas de cultivo existentes após o arroz *kharif*. Sendo uma cultura altamente remuneradora, dá um rendimento mais elevado do que a grama e o feijão indiano.

É um facto estabelecido que o crescimento das plantas e o aumento do rendimento dos grãos dependem da aplicação adequada de fertilizantes no momento certo, em particular do azoto. A gestão inadequada do azoto (N) é considerada um dos principais factores limitantes do rendimento do grão de milho. O nitrogênio é importante para o metabolismo da planta, pois participa da biossíntese de proteínas e clorofila, sendo necessário desde os primeiros estágios fenológicos do desenvolvimento da planta (Basso e Ceretta, 2000), e segundo Sangoi *et al.*, (2008) participa de várias vias metabólicas importantes da bioquímica das plantas (Andrade *et al.*, 2003). Os resultados obtidos por Lemaire e Gastal (1997) demonstraram que, sob níveis adequados de outros nutrientes no solo, o azoto proporciona o maior incremento no rendimento do milho. O nitrogênio está sujeito a diversas transformações no solo, por isso é considerado um elemento dinâmico e complexo, gerando debates e controvérsias quanto à sua melhor fonte e época de aplicação nas culturas, especialmente no milho.

Vários investigadores têm destacado a importância do azoto na cultura do milho. Estudando caracteres agronômicos com a utilização do nitrogênio, Ferreira *et al.* (2001) concluíram que a adubação nitrogenada melhorou a qualidade do grão aumentando o teor de proteínas e nutrientes minerais, intervindo positivamente no número de espigas por planta, peso de espigas, assim como a massa de mil sementes aumentou em função das doses de nitrogênio. Outro fator importante para a determinação da adubação nitrogenada no milho é a diferença no uso e assimilação do N entre os híbridos (Nunes *et al.*, 2013).

É essencial conhecer o nível ótimo de azoto e o momento de aplicação para obter um maior rendimento das culturas, de modo a obter o máximo de benefícios. Uma disponibilidade inadequada de azoto durante as primeiras seis semanas após a plantação pode resultar numa diminuição da fonte, do sumidouro, do tamanho e do potencial de rendimento. A utilização e a procura de azoto aumentam continuamente de dia para dia. Uma vez que o azoto é altamente móvel, está sujeito a uma maior perda do sistema solo-planta. Por conseguinte, é essencial combinar o nível ótimo de azoto e o momento da aplicação de fertilizantes azotados para atingir os rendimentos pretendidos.

No entanto, não foi efectuada qualquer investigação sistemática para desenvolver uma tecnologia de produção específica para o milho doce, em função do local e da situação. Por conseguinte, é necessário estabelecer uma relação entre os níveis de azoto e o momento da aplicação de azoto.

Tendo em conta os factos e pontos de vista acima referidos, foi planeada uma experiência para estudar a "Resposta do milho doce (*Zea mays* L. *saccharata*) a diferentes taxas e tempos de aplicação de azoto nas condições do Sul de Gujarat" com os seguintes objectivos

1) Determinar o nível ótimo de azoto no milho doce
2) Determinar o momento adequado para a aplicação de azoto no milho doce
3) Para calcular os custos económicos dos diferentes tratamentos

CAPÍTULO - II

REVISÃO DA LITERATURA

Entre todos os factores de produção vegetal, o azoto e o momento da sua aplicação são indispensáveis para aumentar o rendimento do milho doce. Por conseguinte, neste capítulo foi feita uma tentativa de rever o trabalho realizado no passado sobre vários aspectos - níveis de fertilização com azoto, momento de aplicação da investigação atual - por cientistas eminentes em situações agroclimáticas variáveis na Índia e no estrangeiro, nos seguintes subtítulos.

2.1 Efeito da taxa de aplicação de azoto

2.1.1. Efeito nos caracteres de crescimento

2.1.2. Efeito no rendimento e nos atributos do rendimento

2.1.3. Efeito sobre o parâmetro de qualidade

2.1.4. Efeito no teor e na absorção de nutrientes

2.1.5. Efeito na economia

2.2 Efeito do momento da aplicação de azoto

2.2.1. Efeito nos caracteres de crescimento

2.2.2. Efeito no rendimento e nos atributos do rendimento

2.2.3. Efeito sobre o parâmetro de qualidade

2.2.4. Efeito no teor e na absorção de nutrientes

2.2.5. Efeito na economia

2.3 Efeito de interação

2.1 EFEITO DA TAXA DE APLICAÇÃO DE AZOTO

2.1.1. Efeito nos caracteres de crescimento

Bindhani *et al.* (2007) realizaram uma experiência de campo com milho doce durante a estação chuvosa de 2002 e 2003 em Bhubaneshwar, Orissa, e observaram que a aplicação de 120 kg N ha^{-1} resultou na planta mais alta com o máximo de matéria seca e índice de área foliar, que foram significativamente mais elevados do que 40 e 80 kg N ha^{-1}.

Yazied *et al.* (2007) realizaram uma experiência de campo na South Tahrir Horticulture Research Station, Behaira Governorate, Paquistão, durante 20022003 e 2004-2005 com milho doce e revelaram que o aumento dos níveis de azoto aumentou a altura, a área foliar e o peso fresco e seco da planta de milho doce. A adição de 160 kg N ha^{-1} deu os valores mais elevados destes parâmetros de crescimento em comparação com 100, 120 e 140 kg N ha^{-1}.

Kumar (2008) efectuou estudos sobre o milho doce e o milho pipoca durante a estação das chuvas em Nova Deli e revelou que cada aumento sucessivo do nível de N de 0 a 120 kg N ha^{-1} produziu plantas mais altas tanto no milho pipoca como no milho doce.

Kumar (2009) efectuou uma experiência de campo com milho doce durante a estação *kharif* de 2005 e 2006 no IARI, Nova Deli, e revelou que a altura da planta (105,1 cm) e o peso seco (88,5 g de $planta^{-1}$) foram observados com 120 kg N ha^{-1}, que foi superior a 0, 40 e 80 N kg ha^{-1}.

Uma experiência foi conduzida no Seed Technology Research Centre, NSP, GKVK,

Bangalore em milho doce por Narayanaswamy e Siddaraju (2011) e observou que a emergência máxima de campo 89,5%, altura da planta (202,45 cm) e perímetro do caule (2,00 cm) foi notada nas doses mais altas de fertilizante 150:75:45 NPK kg ha^{-1}.

Singh *et al.* (2012) estudaram o milho doce em Wadura, Jammu e Caxemira, durante a estação chuvosa de 2007 e 2008, e observaram que uma aplicação de 120 kg N ha^{-1} registou uma altura da planta, uma área foliar e um número de folhas por planta significativamente mais elevados do que 0, 30, 60, 90 e 150 kg N ha^{-1}.

Bhatt (2012) realizou estudos sobre o milho doce durante a estação *kharif* na N.G. Ranga Agricultural University, Hyderabad, e revelou que o aumento dos níveis de azoto resultou num aumento da altura das plantas, da área foliar e da taxa de crescimento das plantas de milho doce. A adição de 240 kg N ha^{-1} deu os valores mais elevados destes parâmetros de crescimento em comparação com 120, 160 e 200 kg N ha^{-1}.

Enquanto trabalhava com milho doce durante a estação *kharif* de 2009 no Instituto de Investigação Agrícola, Hyderabad, revelou que todos os parâmetros de crescimento responderam significativa e positivamente a níveis crescentes de aplicação de azoto. Na colheita, a altura da planta, a matéria seca LAI e a CGR foram significativamente maiores com 240 kg N ha^{-1}. (Bhatt, 2012)

Hammad *et al.* (2013) realizaram experiências de campo com milho doce durante 2009 e 2010 em Faisalabad, Paquistão. Verificaram que o crescimento e a fenologia da cultura responderam significativamente ao tempo e à taxa de aplicação de fertilizantes azotados. A maior taxa de crescimento da cultura do milho (19,2 g m^{-2} d^{-1}) foi alcançada com a aplicação de azoto até 250 kg ha^{-1}.

Verma e Tomar (2014) realizaram uma experiência de campo sobre a geometria de plantação e os níveis de azoto no milho doce em Krishi Vigyan Kendra durante a estação *kharif* de 2009 e revelaram que a aplicação de azoto à taxa de 120 kg N ha^{-1} registou um aumento significativo nos parâmetros de crescimento como a população máxima de plantas (84,02), a altura das plantas (143,79 cm), o número de folhas verdes por planta (15,99), o índice de área foliar (3,51) e a circunferência do caule (5,17) cm na colheita.

Foi efectuada uma experiência de campo com milho doce durante a estação *kharif* em 2012 na Agricultural Research Farm da Agricultural University

Peshawar, Paquistão, por Khan *et al.* (2014). Eles descobriram que a maior altura da planta (120,6 cm) e maior número de folhas da planta $^{-1}$ foi registada com a aplicação de 180 kg N ha $^{-1}$, o que foi significativo em 0, 90 e 150 kg N ha $^{-1}$.

Mathukia *et al.* (2014) realizaram uma experiência de campo na Universidade Agrícola de Junagadh, Gujarat, com milho doce e observaram uma altura de planta significativamente mais elevada (178 cm), número de folhas por planta (14,7), diâmetro do caule (2,15 cm) e matéria seca por planta (144 g) com a aplicação de 150-75 kg N-P2O5 ha^{-1}, que foi igual a 120-60 kg N-P2O5 ha^{-1}.

Asaduzzaman *et al.* (2014) estudaram o milho doce na Estação Regional do Instituto de Investigação Agrícola do Bangladesh, em Jamalpur, no Bangladesh, durante a estação *rabi* de 2008-09, e revelaram que a altura máxima das plantas foi registada com 160 kg N ha^{-1}, o que foi estatisticamente semelhante a 200 kg N ha^{-1}.

Estudos conduzidos por Thakur *et al.* (2015) em milho doce durante a estação *Rabi* de 2014 na Faculdade de Agricultura e Estação de Investigação Shaheed Gundhdhur, Jagdalpur (Chhattisgarh) e observaram que a aplicação de 125 kg N ha^{-1} registou um aumento significativo na altura da planta, dias para 50% de floração, n.º de espigas ha^{-1} e LAI que foi significativo em comparação com 50, 75 e 100 kg N ha^{-1}.

Akgun e Siyah (2015) realizaram uma experiência de campo na Faculdade de Agricultura da Universidade Suleyman Demirel, Isparta, Turquia, durante as estações de crescimento de 2012 em milho doce e observaram que a altura da planta significativamente mais elevada (193,26 cm), o número de espigas por planta ($^{-1)}$ (1,49) e o diâmetro da espiga (5,00 cm) foram registados com 100 kg N ha $^{-1}$, que foi igual a 200 kg N ha $^{-1}$.

Otie *et al.* (2016) realizaram uma experiência de campo com milho doce e observaram que a altura da planta (166,52 cm às 6 WAS), o número de folhas (13,00 6 WAS) e a área foliar (492,12 cm^2) foi significativamente maior com 180 kg N ha^{-1}, que foi superior a 0 e 90 kg N ha^{-1}.

Dangariya *et al.* (2017) realizaram uma experiência de campo na Universidade Agrícola de Navsari, Navsari, Gujarat, durante a estação *rabi* de 2011 com milho doce e revelaram que os valores significativamente mais elevados de altura da planta, diâmetro do caule e número de folhas por planta foram observados com a aplicação de 15075 kg N-P2O5 ha^{-1}.

10.1.2. Efeito no rendimento e nos atributos do rendimento

Raja (2001) realizou uma experiência de campo na Estação de Investigação do Milho, Amberpet, Hyderabad, para estudar o efeito dos níveis de azoto e da população de plantas no milho doce e observou que a aplicação de azoto aumentou significativamente o número de primórdios, o comprimento da espiga, a espiga verde e o peso do grão do milho super doce registado com a aplicação de 120 kg N ha^{-1}.

Yazied *et al.* (2007) realizaram uma experiência de campo na Estação de Investigação em Horticultura de South Tahrir, na província de Behaira, em 2002-2003 e 2004-2005, com milho doce e revelaram que um aumento dos níveis de azoto provocou um aumento significativo do peso de 1000 sementes, da espiga não descascada, da espiga descascada e do rendimento da espiga em ambas as épocas. A aplicação de 160 kg N ha^{-1} deu o maior rendimento de espiga em comparação com 100, 120 e 140 kg N ha^{-1}.

Bindhani *et al.* (2007) realizaram uma experiência de campo durante a estação chuvosa de 2002 e 2003 em Bhubaneshwar, Orissa, e observaram que a aplicação de 120 kg N/ha resultou no maior rendimento de milho para bebé, que foi 28,6, 52,2 e 178,7% superior ao de 80, 40 kg N ha^{-1} e não-nitrogénio, respetivamente, com a correspondente diminuição do rendimento de milho para bebé descartado em 25,4, 38,6 e 73,3%.

Sahoo e Mahapatra (2007) realizaram uma experiência de campo em Jashipur, Orissa, durante a estação *rabi* de 2002-03 e 2003-04 com milho doce e observaram que o rendimento máximo de espiga verde de 14,42 t ha^{-1} em 2002-03 e 14,04 t ha^{-1} em 2003-04 foi obtido com a aplicação de 120-26,2-50 kg NPK ha^{-1}.

Kumar (2008) realizou estudos durante a estação das chuvas em Nova Deli sobre o milho doce e o milho pipoca e revelou que o milho doce apresentou um aumento de 122,7, 190,9 e 212,3% na produção de espigas verdes com a aplicação de 40, 80 e 120 kg N ha^{-1} em relação à testemunha, respetivamente.

Kumar (2009) realizou uma experiência de campo com milho doce durante a estação *kharif* de 2005 e 2006 no IARI, Nova Deli, e revelou que os níveis sucessivamente crescentes de azoto de 0 a 120 kg N ha^{-1} registaram um rendimento de espiga verde nitidamente mais elevado, com 119,6, 200,0 e 224,4 % e 126,2, 182,9 e 201,8% com a aplicação de 40, 80 e 120 kg N ha^{-1} em relação ao controlo durante 2005 e 2006, respetivamente.

Uma experiência foi realizada no Seed Technology Research Centre, NSP, GKVK, Bangalore em milho doce por Narayanaswamy e Siddaraju (2011) e observou que o maior comprimento da espiga (15,28 cm), diâmetro do con (3.91 cm), rendimento de sementes processadas (3673 kg ha^{-1}) foi registado no nível de fertilizante mais elevado de 150:75:45 NPK kg ha^{-1}, que foi significativamente superior aos níveis de fertilizante 90:45:45 NPK ha^{-1} e 120:60:45 NPK kg ha^{-1}.

Akintoye e Kintomo (2011) realizaram uma experiência de campo com milho doce em 2004 e 2005 no National Horticultural Research Institute, Ibadan, Nigéria. Verificaram que o rendimento de grãos, o comprimento da espiga, o diâmetro da espiga e o número de grãos foram significativamente mais elevados com a aplicação de 120 kg N ha^{-1}.

Prathyusha *et al.* (2012) realizaram uma experiência de campo durante a estação *kharif* de 2011 na quinta de estudantes, Faculdade de Agricultura, Hyderabad, em milho doce com níveis graduais de azoto (60, 90 e 120 kg N ha^{-1}) e observaram que o rendimento da espiga (com casca) e o rendimento de forragem verde aumentaram significativamente com o aumento de cada nível gradiente de azoto até 120 kg N ha^{-1}.

Singh *et al.* (2012) estudaram o milho doce em Wadura, Jammu e Caxemira, durante a estação chuvosa de 2007 e 2008, e observaram que a aplicação de 120 N kg ha^{-1}, a par de 150 N kg $ha^{(-1),}$ melhorou significativamente todos os atributos de rendimento, *nomeadamente* o número de espigas ha^{-1}, o peso das espigas verdes, o número de espigas de $grãos^{-1}$, a recuperação de grãos e o peso fresco de 1000.

Bhatt (2012) realizou estudos sobre o milho doce durante a estação *kharif* na Universidade Agrícola Nayukulu Gogineni Ranga, em Hyderabad, e revelou que o aumento dos níveis de azoto aplicado aumentou o comprimento da espiga, a circunferência da espiga, o peso da espiga com casca e o peso da espiga sem casca da planta de milho doce. A adição de 240 kg N ha^{-1} deu os valores mais elevados destes atributos de rendimento em comparação com 120, 160 e 200 kg N ha^{-1}.

Enquanto trabalhava com milho doce durante a *estação kharif* de 2009 no Instituto de Investigação Agrícola, Hyderabad, revelou que a aplicação de 240 kg N ha^{1} registou significativamente mais comprimento e perímetro da espiga, número de espigas ha^{-1} , peso das espigas verdes e número de grãos por espiga do que a sua dose imediatamente inferior, que registou valores semelhantes para os atributos de rendimento (comprimento e perímetro da espiga, peso da espiga com e sem casca) em comparação com 200 kg N ha^{-1}, ambos significativamente diferentes de 120 e 160 kg N ha^{-1}. (Bhatt, 2012)

Sunitha e Reddy (2012) estudaram o milho doce na exploração agrícola de S.V. Agricultural College, Tirupati, Andhra Pradesh, durante a estação *rabi* de 2005 e 2006 em milho doce e revelaram que o aumento sucessivo dos níveis de nutrientes aumentou significativamente o número de grãos de $espiga^{-1}$ e o peso da espiga verde (com casca) até NPK 150:70:50 g ha^{-1}, que eram, no entanto, comparáveis com a aplicação do nível mais elevado de nutrientes de NPK 180:80:55 kg ha^{-1}, e também a maior produção de espiga verde e de forragem foi produzida com 180:80:55 NPK kg ha^{-1}, que também eram comparáveis com 150:70:50 NPK kg ha^{-1}.

Meena *et al.* (2012) relataram que a aplicação de 125% RDN deu maior rendimento de forragem verde (20,68 t ha $^{-1}$) em 18,5 e 6,8% e rendimento biológico (28,65 t ha $^{-1}$) em 15,3 e 5,2% em comparação com 75% RDN e 100% RDN níveis, respetivamente.

Uma experiência de campo efectuada com milho doce por Massey *et al.* (2014) durante a época *da colheita de* 2001 e 2002 na Faculdade de Agricultura de Rajasthan, Udaipur. Eles revelaram que a aplicação de 120 kg de N + 60 kg de P2O5 ha^{-1} e 90 kg de N + 45 kg de P_2O_5 kg ha^1 proporcionou um rendimento significativamente maior de espigas verdes.

Hammad *et al.* (2013) realizaram experiências de campo com milho doce durante 2009 e 2010 em Faisalabad, Paquistão. Verificaram que o crescimento e a fenologia da cultura responderam significativamente ao tempo e à taxa de aplicação de fertilizantes azotados. Obteve-se um maior rendimento de grãos de milho com a aplicação de azoto até 250 kg ha^{-1}.

Asaduzzaman *et al.* (2014) realizaram uma experiência de campo na Estação Regional do Instituto de Investigação Agrícola do Bangladesh em Jamalpur, Bangladesh, durante a estação *rabi* de 2008-09 com milho doce e revelaram que o maior número de $espigas^{-1}$ (2,3), o maior rendimento de espigas (14,6 t ha^{-1}) com casca e rendimento forrageiro (32,6 t ha^{-1}) foi registado com a aplicação de 200 kg N ha^{-1}.

Uma experiência de campo realizada por Kumar *et al.* (2014) com milho para bebé durante 2008-09 na Universidade de Agricultura e Tecnologia, Kanpur. Registaram o maior rendimento de espiga e de forragem verde com a aplicação de 150 kg N ha^{-1}.

Verma e Tomar (2014) realizaram uma experiência de campo sobre a geometria de plantação e os níveis de azoto no milho doce em Krishi Vigyan Kendra durante a estação *kharif* de 2009 e revelaram que o número máximo de espigas verdes (78,17 x 10^3) foi produzido com 150 N kg ha^{-1}, mas ficou a par do número de espigas (77,83 x 10^3) obtido com a aplicação de 120 N kg ha^{-1}.

Khan *et al.* (2014) realizaram uma experiência de campo com milho doce durante a estação *kharif* em 2012 na Agricultural Research Farm da Agricultural University Peshawar, Paquistão. Observaram que o maior peso fresco da espiga (2375,9 kg ha^{-1}) foi registado com a aplicação de 180 kg N ha^{-1} seguido de kg N ha^{-1} com peso fresco

(1771,3 kg ha^{-1}) e 120 kg N ha^{-1}com peso fresco (1490,7 kg ha$^{-1)}$.

Mathukia *et al.* (2014) realizaram uma experiência de campo na Universidade Agrícola de Junagadh, Gujarat, com milho doce e revelaram que a aplicação de 150-75 kg de N-P2O5 ha^{-1}, a par de 120-60 kg de N-P2O5 ha^{-1}, melhorou significativamente os atributos de rendimento, nomeadamente número de espigas (1,47), comprimento da espiga (17,2 cm), circunferência da espiga (15,3 cm), peso fresco da espiga (128 g), número de grãos da espiga (278) e peso fresco dos grãos (24,2) em relação à aplicação de 90-30 kg de N-P_2O_5 ha^{-1} e ao controlo.

Dhaka (2015) realizou uma experiência de campo em Udaipur durante a *estação kharif* de 2013 com milho doce e revelou que a espiga de grão^{-1}, a circunferência da espiga e o comprimento do cone foram todos mais elevados com a aplicação de 90 kg N + 40 kg P2O5 ha^{-1}. Não se observou qualquer aumento significativo do nível de fertilidade.

Em 2010, foi efectuada uma experiência de campo com milho na Universidade de Agricultura de Faisalabad, Paquistão, por Naiz *et al.*(2015). Verificaram que o aumento do rendimento de grãos e do rendimento biológico aumentava com os níveis de azoto. O rendimento máximo de grãos (7,49 t ha^{-1}) foi registado com uma taxa de azoto mais elevada de 200 kg N ha^{-1}.

Estudos realizados por Thakur *et al.* (2015) sobre o milho doce durante a estação *rabi* de 2014 no S G College of Agriculture and Research Station, Jagdalpur (Chhattisgarh) e observaram que o efeito do nível de azoto registou um peso fresco do grão significativamente mais elevado, peso da espiga com e sem cobertura, peso das espigas ha^{-1} e número de espigas ha^{-1} com a aplicação de 125 kg N ha^{-1}, o que foi significativo em comparação com 50, 75 e 100 kg N ha^{-1}.

Akgun e Siyah (2015) realizaram uma experiência de campo na Faculdade de Agricultura, Universidade Suleyman Demirel, Isparta, Turquia. durante as estações de crescimento de 2012 em milho doce e observaram que o rendimento de espiga fresca significativamente mais alto (452,97 gm planta $^{-1}$) e número de sementes espiga ($^{-1)}$ (705,82) observado com a aplicação de 100 N kg ha $^{-1}$.

Ghosh *et al.* (2017) realizaram uma experiência de campo com milho doce durante o *verão* de 2008 na exploração agrícola de Pallisiksha Bhavana (Instituto de Agricultura). Revelaram que o rendimento mais elevado de milho doce (11,00 q ha^{-1}) e de forragem (187,06 q ha^{-1}) foi observado com a aplicação de 100:50:50 NKP kg ha^{-1}, o que foi significativo em relação aos níveis de fertilidade 75-37,5-37,5 NPK kg ha^{-1} e 50-25-25 NKP kg ha^{-1}.

Dangariya *et al.* (2017) realizaram uma experiência de campo na Universidade Agrícola de Navsari, Navsari, Gujarat, durante a época de *rabi* de 2011, com milho doce e revelaram que o número de espigas, a circunferência da espiga, o comprimento da espiga, a espiga verde fresca e o rendimento forrageiro foram significativamente mais elevados com a aplicação de 150-75 kg de N-P2O5 ha^{-1} e 120-60 kg de N-P2O5 ha^{-1}

10.1.3.Efeito nos parâmetros de qualidade

Raja (2001) realizou uma experiência de campo na Estação de Investigação do Milho,

Amberpet, Hyderabad, para estudar o efeito dos níveis de azoto e da população de plantas no milho doce e observou que os parâmetros de qualidade dos grãos de milho super doce, *nomeadamente o* açúcar total, o açúcar redutor, o açúcar não redutor e as proteínas, melhoraram com a aplicação de azoto, mas foi observada uma diferença significativa entre os níveis de azoto com a aplicação de 80 kg N ha^{-1} e não houve diferença significativa entre 80 kg N ha^{-1} e 120 kg N ha^{-1}.

Bindhani *et al.* (2007) realizaram experiências de campo durante a estação das chuvas de 2002 e 2003 em Bhubaneshwar, Orissa. Observaram que a aplicação de 120 kg N ha^{-1} registou um teor de proteínas (16,19%) e um rendimento proteico (127,47 kg $ha^{-1)}$ significativamente mais elevados do que 40 e 80 kg Nha^{-1}

Sunitha e Reddy (2012) estudaram o milho doce na quinta do Sri Venkateswara Agricultural College, Tirupati, Andhra Pradesh, durante a estação *rabi* de 2005 e 2006 e revelaram que a melhor qualidade dos grãos de milho doce (os teores mais elevados de proteínas, açúcares redutores e não redutores) e da forragem verde (os teores mais elevados de proteínas brutas e mais baixos de fibras brutas) foi obtida com 180:80:55 NPK kg ha^{-1} e 150:70:50 NPK kg ha^{-1}.

Bhatt (2012) realizou uma experiência de campo com milho doce durante a estação *kharif* de 2009 no Agricultural Research Institute, Hyderabad, e revelou que o aumento do fornecimento de azoto aumentou o teor de proteínas do grão, uma vez que o azoto é o constituinte da molécula de proteína. Krishna *et al.* (1998) e Raja (2001) observaram um aumento semelhante do teor de proteínas com o aumento do nível de azoto.

Em 2010, foi efectuada uma experiência de campo com milho na Universidade de Agricultura de Faisalabad, Paquistão, por Naiz *et al.* (2015). Eles revelaram que a proteína bruta do grão e a concentração de óleo do grão aumentaram com o aumento do azoto, mas até 175 kg ha^{-1} o aumento adicional de nitrogénio não teve um efeito significativo.

Estudos realizados por Akgun e Siyah (2015) em milho doce durante as estações de crescimento de 2012 na Faculdade de Agricultura, Universidade Suleyman Demirel, Isparta, Turquia. Eles observaram que o maior teor de proteína (14,26%) e teor de açúcar total (13,29 mg $100g^{-1}$) foi observado com a aplicação de 100 kg N ha^{-1}.

Dangariya *et al.* (2017) realizaram uma experiência de campo na Universidade Agrícola de Navsari, Navsari, Gujarat, durante a época de *rabi* de 2011, com milho doce e revelaram que o teor de proteína mais elevado da espiga e da forragem sob 15075 kg N-P_2O_5 ha^{-1} e 120-60 kg N-P_2O_5 ha^{-1} em comparação com 60-30 kg N-P_2O_5 ha^{-1}.

10.1.4.Efeito no teor e na absorção de nutrientes

Sahoo e Mahapatra (2007) realizaram uma experiência de campo em Jashipur, Orissa, durante a estação *rabi* de 2002-03 e 2003-04 com milho doce e observaram que a absorção de NPK aumentava com a aplicação de cada unidade adicional de fertilizante. O rendimento elevado associado à absorção máxima de 76,9 kg de N, 32,0 kg de P e 127,6 kg de K ha^{-1} através da aplicação de 120-26,2-50 kg de NPK ha^{-1}.

Kumar (2008) realizou estudos durante a estação das chuvas em Nova Deli sobre o milho doce e o milho pipoca e revelou que a aplicação de azoto melhorou a absorção de N por ambos os tipos de milho com cada aumento de N até 120 kg N ha^{-1}.

Kumar (2009) realizou uma experiência de campo com milho doce durante a estação *kharif* de 2005 e 2006 no IARI, Nova Deli, e revelou que a aplicação de azoto aumentava a absorção de azoto a cada aumento até 120 kg N ha^{-1}. A absorção mais elevada de N registou 149,2 kg N ha^{-1} com a aplicação de 120 kg N ha^{-1}.

Sunitha e Reddy (2012) estudaram o milho doce na Sri Venkateswara Agricultural College Farm, Tirupati, Andhra Pradesh, durante a estação *rabi* de 2005 e 2006, e revelaram que a absorção de azoto, fósforo e potássio do milho doce aos 60 dias após a sementeira, durante o período de pico da procura de nutrientes, aumentou significativamente com cada aumento sucessivo do nível de nutrientes até 150:70:50 NPK kg ha^{-1}.

Meena *et al.* (2012) relataram que a aplicação de 125% de RDN registou uma maior absorção de azoto pelas espigas (33,41 kg ha^{-1}) em 10,8%, pela forragem (48,10 kg ha^{-1}) em 64,10% e 32,10% e pela absorção total de azoto (81,51 kg ha^{-1}) em 37,1% e 17,8% em relação a 75% RDN e 100% RDN, respetivamente.

Singh *et al.* (2012) estudaram o milho doce em Wadura, Jammu e Caxemira, durante a estação das chuvas de 2007 e 2008, e observaram que a aplicação de azoto aumentou significativamente a absorção de azoto com o seu aumento sucessivo até 150 kg N ha^{-1}. No entanto, o balanço de azoto mais elevado foi encontrado com a aplicação de 150 kg N ha^{-1}.

Uma experiência de campo conduzida por Bhatt (2012) em milho doce durante a estação *kharif* de 2009 no Agricultural Research Institute, Hyderabad, revelou que a aplicação de azoto também aumentou a absorção de azoto com cada incremento até 240 kg N ha^{-1}.

Em 2010, foi efectuada uma experiência de campo com milho na Universidade de Agricultura de Faisalabad, Paquistão, por Naiz *et al.* (2015). Registaram a maior eficiência de absorção de azoto (0,58 kg kg^{-1}) com 175 kg N ha^{-1} em comparação com 125, 150 e 200 kg N ha^{-1}.

Dhaka (2015) realizou uma experiência de campo em Udaipur durante a *estação kharif* de 2013 com milho doce e revelou que o teor de N e P no grão e no caule e a sua absorção foram significativamente mais elevados no açúcar 75 e o teor de nutrientes foi mais elevado com a aplicação de 90 kg N + 40 kg P2O5 ha^{-1}, mas a absorção de nutrientes foi mais elevada com a aplicação de 110 kg N + 50 kg P2O5 ha^{-1}.

10.1.5.Efeito na economia

Sahoo e Mahapatra (2007) realizaram uma experiência de campo em Jashipur, Orissa, durante a época *rabi* de 2002-03 e 2003-04 com milho doce e observaram que o nível mais elevado de fertilidade (120-26,2-50 kg NPK $ha^{-1)}$ registou o lucro líquido máximo de Rs. 45 952 ha^{-1}. Isto foi significativo em 40-8,7-16,7 NPK kg ha^{-1}.

Bindhani *et al.* (2007) realizaram experiências de campo durante a estação chuvosa de

2002 e 2003 em Bhubaneshwar, Orissa, e observaram que o rendimento líquido mais elevado era de 72 438 Rs ha^{-1} e o rácio benefício/custo era de 5,90, em comparação com a ausência de azoto e 40 e 80 kg N ha^{-1}.

Kumar (2008) realizou estudos sobre milho doce e milho pipoca durante a estação das chuvas em Nova Deli e revelou que houve uma melhoria acentuada no rendimento líquido do milho pipoca e do milho doce com cada aumento sucessivo dos níveis de azoto de 0 a 120 kg N ha^{-1}. O rendimento líquido mais elevado de Rs. 41 590 ha^{-1} e Rs 49 420 ha^{-1} do milho pipoca e do milho doce foi encontrado com a aplicação de 120 kg N ha^{-1}.

Kumar (2009) realizou uma experiência de campo com milho doce durante a estação *kharif* de 2005 e 2006 no IARI, Nova Deli, e revelou que o retorno líquido máximo de (Rs. 49,57 e 49,26 milhares de ha^{-1}) foi observado com 120 kg N ha^{-1}, que foi 560,9, 64,5 e 10,0 % e 474,1, 44,4 e 7,9 % mais elevado do que 0, 40, e 80 kg N ha^{-1} durante 2005 e 2006, respetivamente.

Narayanaswamy e Siddaraju (2011) realizaram uma experiência de campo no Seed Technology Research Centre, NSP, GKVK, Bangalore em milho doce e observaram que o peso de teste, a germinação e o vigor mais elevados (140,46 gm, 94% e 2970, respetivamente) foram registados em 150:75:45 NPK kg ha^{-1}.

Sunitha e Reddy (2012) realizaram uma experiência de campo na Sri Venkateswara Agricultural College Farm, Tirupati, Andhra Pradesh, durante a estação *rabi* de 2005 e 2006 com milho doce e revelaram que o rácio de custos mais elevado foi obtido com 150:70:50 NPK kg ha^{-1}, que estava a par de 180:80:55 NPK kg ha^{-1}, mas era significativamente mais elevado do que com 90:50:40 NPK kg ha^{-1}.

Singh *et al.* (2012) estudaram o milho doce em Wadura, Jammu e Caxemira, durante a estação chuvosa de 2007 e 2008, e observaram que a aplicação de 120 N kg ha^{-1}, a par da aplicação de 150 N kg ha^{-1}, aumentou significativamente a rendibilidade da cultura (Rs. 635,9 ha^{-1} dia^{-1}) e o retorno líquido em $rupias^{-1}$ investido (Rs. 6,35) em relação aos níveis anteriores.

Bhatt (2012) realizou uma experiência de campo com milho doce durante a estação *kharif* de 2009 no Agricultural Research Institute, Hyderabad, e revelou que os rendimentos líquidos máximos foram observados com 240 kg N ha^{-1}. A relação custo-benefício também foi melhorada com níveis mais elevados de azoto. Os rendimentos mais elevados de espigas verdes e de forragem contribuíram diretamente para os rendimentos com níveis de azoto mais elevados. (Ashok, 2009)

Raskar *et al.* (2013) realizaram uma experiência de campo na Pulse Research Station, Anand Agricultural University, Model Farm, Vadodara, Gujarat, durante a estação *rabi* de 2009-10 com milho doce e revelaram que o tratamento de 160 kg N ha^{-1} registou a maior realização líquida (Rs. 41079 ha^{-1} com um valor máximo de BCR de 2,21. Foi seguido de perto por 120 kg N ha^{-1}, que registou o rendimento líquido de Rs. 38262 ha^{-1} com o valor BCR de 2,17.

Uma experiência de campo efectuada com milho doce por Massey *et al.* (2014) durante a época *da colheita de* 2001 e 2002 na Faculdade de Agricultura de Rajasthan,

Udaipur. Revelaram que a aplicação de 90 kg de N + 45 kg de P_2O_5 ha^{-1} proporcionou um retorno líquido significativo e económico mais elevado e um rácio benefício: custo superior aos níveis de 120 kg de N + 60 kg de P_2O_5 ha^{-1}.

Uma experiência de campo realizada por Kumar *et al.* (2014) em milho bebé durante 2008-09 na Universidade de Agricultura e Tecnologia, Kanpur. Revelaram que a aplicação de 150 kg N ha^{-1} proporcionou um retorno líquido significativamente mais elevado (67382 Rs.) e um rácio B:C (3,67) em comparação com 50 e 100 kg N $_{ha^{-1}}$.

Mathukia *et al.* (2014) realizaram uma experiência de campo na Universidade Agrícola de Junagadh, Gujarat, com milho doce e revelaram que a fertilização da cultura com 150-75 kg de N-P2O5 ha^{-1} obteve um retorno líquido máximo de Rs. 76869 ha^{-1} seguido de perto pela dose de fertilizante de 120-60 kg N-P2O5 ha^{-1} registando retornos líquidos de Rs. 76359 ha^{-1} A aplicação de 120-60 kg P_2O_5 ha^{-1} registou a maior relação B:C de 2,89, seguida pela de 150-75 kg N P2O5 ha^{-1} com uma relação B:C de 2,86.

Estudos realizados por Thakur *et al.* (2015) sobre o milho doce durante a estação *rabi* de 2014 na Faculdade de Agricultura e Estação de Investigação Shaheed Gundhdhur, Jagdalpur (Chhattisgarh) e observaram que o custo de cultivo mais elevado, o rendimento bruto, o rendimento líquido e o rácio B:C foram registados significativamente mais elevados com a aplicação de 125 kg N ha^{-1}, mas o rácio B:C foi igual a 100 kg N $ha^{(-1):}$ O rendimento líquido máximo foi registado com 120 kg N ha^{-1}.

Ghosh *et al.* (2017) estudaram uma experiência de campo na exploração agrícola de Pallisiksha Bhavana (Instituto de Agricultura), Visva Bharati, Sriniketan, Bengala Ocidental, durante a época de *verão* de 2008, com milho doce e revelaram que o rendimento bruto significativamente mais elevado (77443 Rs ha^{-1}), o rendimento líquido (62531 Rs $ha^{-1)}$ e o rácio B:C (4,19) foram observados com 100:50:50 NPK kg ha^{-1}.

10.2. EFEITO DA ÉPOCA DE APLICAÇÃO DO AZOTO

10.2.1.Efeito nos caracteres de crescimento

Bindhani *et al.* realizaram experiências de campo durante a estação das chuvas de 2002 e 2003 em Bhubaneshwar, Orissa. (2007) observaram que o azoto aplicado em três partes iguais ($^1/3$ basal + $^1/3$ aos 25 dias após a sementeira + $^1/3$ no pré-desbaste) resultou em plantas significativamente mais altas, rendimento máximo de matéria seca, índice de área foliar, o seu peso fresco , comprimento e perímetro em comparação com / basal + / aos 25 DAS , a 1/3 basal + 2/3 aos 25 DAS, e $1/_2$ basal + 1/4 aos 25 DAS + + $^1/_4$ no pré-desbaste.

Wasaya *et al.* (2012) realizaram uma experiência de campo com milho doce durante 2009 na Universidade de Agricultura de Faisalabad, Paquistão. Observaram um efeito não significativo da aplicação de nitrogénio na altura das plantas, mas a altura mais elevada das plantas foi registada com três aplicações de nitrogénio $^1/_3$ na sementeira + $^1/3$ em V5 (fase de 5 folhas) + $^1/3$ no despontar.

Hammad *et al.* (2013) realizaram uma experiência de campo com milho doce durante

2009 e 2010 em Faisalabad, Paquistão. Verificaram que o crescimento e a fenologia da cultura responderam significativamente ao tempo e à taxa de aplicação de fertilizantes azotados. Foi alcançada uma maior taxa de crescimento da cultura do milho (18,3 g m^{-2} d^{-1}) com a aplicação de azoto em três parcelas 1/3 em V2 (2 - Folha vegetativa), 1/3 N em V16 (16 - Folha vegetativa) e 1/3 N em R1 (Silking).

Uma experiência de campo realizada por Tadesse *et al.* (2013) em culturas de milho na estação de investigação de Adet, no noroeste da Etiópia. Observaram uma altura de planta significativamente mais elevada (299,9 cm) no caso da variedade BH-540 e (339,5 cm) no caso da variedade BH-660 com a aplicação de azoto $^{1}/3$ na plantação + $^{2}/3$ na altura do joelho.

10.2.2.Efeito no rendimento e nos atributos do rendimento

Bindhani *et al.* (2007) realizaram experiências de campo durante a estação chuvosa de 2002 e 2003 em Bhubaneshwar, Orissa, e observaram que o azoto aplicado em três parcelas iguais ($^{1}/3$ basal + $^{1}/3$ aos 25 dias após a sementeira + $^{1}/3$ no pré-pastejo) registou um rendimento significativamente mais elevado de milho para bebé e de forragem verde, resultando em 18.1, 10,7, 8,0%; e 44,3, 26,7 e 17,2% de aumento em relação ao ^ basal + ^ aos 25 DAS, para 1/3 basal + $^{2}/3$ aos 25 DAS, e 1/2 basal + $^{1}/_{4}$ aos 25 DAS + + $^{1}/_{4}$ no pré-tomate.

Sunitha e Reddy (2012) estudaram o milho doce na exploração agrícola Sri Venkateswara, Tirupati, Andhra Pradesh, durante a estação *rabi* de 2005 e 2006, e revelaram que os atributos de rendimento (número de grãos de espiga $^{-1}$ e peso da espiga verde), a espiga verde e o rendimento forrageiro foram os mais elevados com a aplicação de azoto em três divisões $^{1}/4$ basal +$^{1}/2$ joelho alto + $^{1}/4$ tasseling, o que também foi igual ao obtido com $^{1}/3$ basal +$^{1}/3$ joelho alto + $^{1}/_{3}$tasseling e $^{1}/_{2}$ basal + $^{1}/_{4}$ joelho alto + $^{1}/_{4}$ tasseling.

Wasaya *et al.* (2012) realizaram uma experiência de campo com milho doce durante 2009 na Universidade de Agricultura de Faisalabad, Paquistão. Observaram uma produção de biomassa de cultura significativamente mais elevada (16,70 Mg ha^{-1}) registada com três aplicações de azoto $^{1}/3$ na sementeira + $^{1}/3$ em V5 (fase de 5 folhas) + $^{1}/3$ no despontar.

Hammad *et al.* (2013) realizaram uma experiência de campo com milho doce durante 2009 e 2010 em Faisalabad, Paquistão. Verificaram que o crescimento e a fenologia da cultura responderam significativamente ao tempo e à taxa de azoto

aplicação de fertilizantes. O rendimento de grãos de milho significativamente mais elevado (7,31 t ha^{-1}) foi alcançado com a aplicação de azoto em três parcelas $^{1}/3$ em V2 (2 - Folha vegetativa), 1/3 N em V16 (16 - Folha vegetativa) e 1/3 N em R1 (Silking).

Tadesse *et al.* (2013) realizaram uma experiência de campo com milho na estação de investigação de Adet, no noroeste da Etiópia. Observaram um rendimento de colheita significativamente mais elevado (7908,0 kg ha^{-1}) no caso da variedade BH-540 e (8095,6 kg ha^{-1}) de altura de planta no caso da variedade BH-660 com a aplicação derramada de azoto $^{1}/_{3}$ na plantação + $^{2}/_{3}$ no joelho altura.

Uma experiência de campo realizada por Kumar *et al.* (2014) em milho bebé durante 2008-09 na Universidade de Agricultura e Tecnologia, Kanpur. Registaram um rendimento significativamente mais elevado de espigas (1534,33 kg ha^{-1}) e de forragem (33730 kg ha^{-1}) com a aplicação de azoto em três parcelas $^1/_3$ no basal + $^1/_3$ no KHS (Knee high stage) + $^1/3$ no PTS (Pre-tasseling stage)

Naiz *et al.* (2015) realizaram uma experiência de campo em 2010 com milho na Universidade de Agricultura de Faisalabad, Paquistão. Eles observaram o máximo rendimento de grãos e rendimento biológico com a aplicação de 50% de N transmitido na preparação do leito de sementes + 50% de N em cobertura em V9 (estágio de 9 folhas), + 150 kg P2O5 ha $^{-1}$ + 100 kg K2O ha $^{-1}$.

Wasaya *et al.* (2017) realizaram uma experiência de campo com milho na Universidade de Agricultura, Faisalabad, Paquistão. Observaram o maior peso de grão por espiga (139,83 g), peso de 1000 grãos (308,19 g) e rendimento de grãos (6,97 t ha^{-1}) com a aplicação de nitrogénio em três parcelas $^1/3$ na sementeira + $^1/3$ V5 (fase de 5 folhas) + $^1/_3$ no tasseling.

10.2.3.Efeito sobre o parâmetro de qualidade

Bindhani *et al.* (2007) realizaram uma experiência de campo sobre a cultura do milho doce durante a estação das chuvas de 2002 e 2003 em Bhubaneshwar, Orissa, e revelaram que o azoto aplicado em 3 parcelas iguais ($^1/_3$ basal + $^1/_3$ aos 25 dias após a sementeira + $^1/3$ no pré-pastejo) aumentou significativamente o teor de proteínas (13,31%) e o rendimento proteico (94,87 kg ha^{-1}).

Naiz *et al.* (2015) realizaram uma experiência de campo em 2010 com milho na Universidade de Agricultura de Faisalabad, Paquistão. Observaram uma concentração máxima de proteína de grão (7,93%) e concentração de óleo de grão (4,08%) com a aplicação de 25% de N incorporado na preparação da cama de sementes + 75% de N em cobertura em V9 (fase de 9 folhas), + 150 kg P_2O_5 ha^{-1} + 100 kg K_2O ha^{-1}.

10.2.4.Efeito no teor e na absorção de nutrientes

Bindhani *et al.* (2007) realizaram experiências de campo durante a estação chuvosa de 2002 e 2003 em Bhubaneshwar, Orissa, e observaram que a absorção total de azoto mais elevada (74,53 kg ha^{-1}) e o índice de colheita de azoto (20,33%) pelo azoto aplicado em três parcelas iguais ($^1/_3$ basal + $^1/_3$ aos 25 DAS + $^1/_3$ no pré-pé).

Sunitha e Reddy (2012) estudaram o milho doce na Quinta Agrícola Sri Venkateswara, Tirupati, Andhra Pradesh, durante a época *rabi* de 2005 e 2006, e revelaram que a maior absorção de azoto, fósforo e potássio aos 60 dias após a sementeira do milho doce, registada com a aplicação de azoto 1/4 basal + ^ na altura do joelho + 1/4 no despontar, pode dever-se ao fornecimento consistente e adequado de azoto durante o período de floração.

Naiz *et al.* (2015) realizaram uma experiência de campo em 2010 com milho na Universidade de Agricultura de Faisalabad, Paquistão. Eles encontraram uma eficiência máxima de absorção de nitrogênio (0,59 kg kg $^{-1}$) com a aplicação de 25% de N incorporado na preparação do leito de sementes + 75% de N no revestimento superior em V9 (estágio de 9 folhas), + 150 kg de P2O5 ha $^{-1}$ + 100 kg de K2O ha $^{-1}$, que foi igual a 50% de N incorporado na preparação do leito de sementes + 50% de N no revestimento superior em V9 (estágio de 9 folhas), + 150 kg de P2O5 ha $^{-1}$ + 100 kg de K2O ha $^{-1}$.

10.2.5.Efeito na economia

Bindhani *et al.* (2007) realizaram uma experiência de campo com a cultura do milho doce durante a estação chuvosa de 2002 e 2003 em Bhubaneshwar, Orissa, e revelaram que o retorno líquido e o rácio B:C também foram máximos com a aplicação de N em três divisões iguais ($^{1}/3$ basal + $^{1}/3$ aos 25 dias após a sementeira + $^{1}/3$ no pré-pastejo) em comparação com ^ basal + ^ aos 25 DAS , a 1/3 basal + $^{2}/3$ aos 25 DAS, e $^{1}/2$ basal + $^{1}/4$ aos 25 DAS + + $^{1}/4$ no pré-pastejo.

Uma experiência de campo realizada por Tadesse *et al.* (2013) na cultura do milho na estação de investigação de Adet, no noroeste da Etiópia. Observaram um benefício bruto significativamente mais elevado (21352 Rs.) e um benefício líquido (21052 Rs.) no caso da variedade BH-540 com a aplicação derramada de azoto em $^{1}/_{3}$ na plantação + 2

$^{2}/3$ na altura do joelho. Enquanto no caso da variedade BH-660 deu os maiores benefícios brutos (22091 Rs.) e benefícios líquidos (21791 Rs.) com a aplicação derramada de azoto $^{1}/4$ na plantação + $^{1}/4$ na altura do joelho.

Uma experiência de campo realizada por Kumar *et al.* (2014) em milho para bebé durante 2008-09 na Universidade de Agricultura e Tecnologia, Kanpur. Eles revelaram que a aplicação de azoto em três derrames $^{1}/3$ na fase basal + $^{1}/3$ na fase KHS (Knee high stage) + $^{1}/_{3}$ na fase PTS (Pre-tasseling stage) deu um retorno líquido significativamente mais elevado (61954 Rs.) e uma relação B:C (3,49).

2.3 Efeito de interação

Kumar *et al.* (2014) realizaram uma experiência de campo com milho para bebé na Universidade de Agricultura e Tecnologia, Kanpur, em 2008-09. Entre os diferentes tratamentos, a combinação de nitrogênio e o tempo de aplicação de nitrogênio e encontrou efeito não significativo da interação entre N x T, mas numericamente a relação B: C máxima de 3,99 registrada com 150 kg N ha $^{-1}$ aplicada em 3 divisões iguais em $^{1}/_{3}$ KHS (estágio alto do joelho) + $^{1}/_{3}$ em KHS (estágio alto do joelho) + em KHS (estágio alto do joelho).

Estudos efectuados por Kumar *et al.* (2014) sobre o milho de inverno durante 2008-09 na Universidade Azad de Agricultura e Tecnologia, Kanpur. Observaram que a interação entre os níveis de azoto e as épocas de aplicação de N não foi significativa. No entanto, registaram o maior rendimento de espiga fresca (1807 kg ha^{-1}), rendimento de forragem verde (38260 kg ha^{-1}) e obtiveram o máximo retorno líquido (Rs. 75675 ha^{-1}) com o maior rácio B:C (3,99) com a aplicação de 150 kg N ha^{-1} em três parcelas $^{1}/3$ na fase basal + $^{1}/3$ na fase de joelho alto (KHS) + $^{1}/_{3}$ na fase de pré-descasque (PTS).

CAPÍTULO - III

MATERIAIS E MÉTODOS

Este capítulo trata de uma descrição concisa dos materiais utilizados e das técnicas adoptadas durante a investigação, tendo estes pormenores sido resumidos nas respectivas rubricas

3.1 Pormenores do material experimental

3.1.1 Sítio experimental

O presente estudo foi realizado na parcela número E-18 da College Farm, N. M. College of Agriculture, NAU, Navsari, durante a época *rabi* de 2017-18. O local está situado a 12 km a leste do grande local histórico "Dandi", na costa da Arábia.

3.1.2 Clima e condições meteorológicas

Geograficamente, a College Farm, Navsari Agricultural University, Navsari está situada a 20^0 57', latitude N e 720 54', longitude E, na região tropical; tem uma altitude de 10 m acima do nível médio do mar. O campus está situado a 3 km a oeste de Navsari e a 13 km do Mar Arábico a leste. O clima desta região é caracterizado por um *verão* bastante quente, *um* inverno moderadamente frio e uma monção quente e húmida com chuvas intensas.

A precipitação média anual deste território é de cerca de 1440 mm. Em geral, a monção começa na segunda ou terceira semana de junho e retira-se no final de setembro. No entanto, a maior parte da chuva é recebida durante os meses de julho e agosto. Não são raras as chuvas pré-monção durante a primeira semana de junho e as chuvas pós-monção durante o mês de outubro. Durante a estação das monções, a maior parte dos dias permanece nublada, com menos horas de sol.

A estação do inverno começa normalmente na primeira semana de novembro e prolonga-se até ao final de fevereiro. dezembro e janeiro são os meses mais frios da estação. Normalmente, a estação do verão começa a partir de meados de fevereiro e a temperatura atinge o máximo no mês de maio, pelo que é o mês mais quente da estação.

Tabela 3.1: Dados meteorológicos semanais médios para a época de colheita do ano 2017-

18 registados na quinta de instrução, N.A.U., Navsari.

Mês	Met. semana	Datas	Temp. (^{0}C) Máximo	Temp. (^{0}C) Min.	R. H. (%) Máximo	R. H. (%) Min.	Luz do sol horas dia^{-1}	Precipitação (mm)	Evaporação (mm)
novembro	44	29-4	35.3	17.0	72.0	23.5	9.8	0.0	4.2
2017	45	5-11	34.3	16.3	72.1	31.2	9.6	0.0	4.0
	46	12-18	32.3	14.3	84.3	31.4	8.3	0.0	3.2
	47	19-25	34.0	15.7	87.8	39.8	6.5	0.0	2.8
	48	26-2	33.1	15.0	74.3	33.7	8.0	0.0	2.8
dezembro	49	3-9	26.6	17.9	83.7	68.3	2.5	37.0	2.1
2017	50	10-16	29.5	15.6	92.3	48.0	6.4	0.0	2.4
	51	17-23	29.8	16.6	63.1	40.8	3.8	0.0	2.1
	52	24-31	31.0	19.9	80.6	32.8	8.3	0.0	2.8

janeiro	1	1-7	29.7	10.2	90.2	34.7	7.9	0.0	2.7
2018	2	8-14	30.8	16.2	64.2	35.9	5.8	0.0	3.0
	3	15-21	32.8	14.8	80.7	33.2	7.6	0.0	3.4
	4	22-28	29.9	10.0	92.0	29.0	8.9	0.0	2.9
fevereiro	5	29-4	33.2	11.1	89.9	24.9	8.8	0.0	4.2
2018	6	5-11	30.9	14.1	91.8	45.3	5.7	0.0	3.2
	7	12-18	31.7	14.3	76.5	30.8	9.0	0.0	4.7
	8	19-25	35.4	14.9	86.8	25.8	8.4	0.0	4.6

Fig. 3.1: Dados meteorológicos semanais médios registados durante a estação *rabi* do ano 2017-18 em N. A.U., Navsari

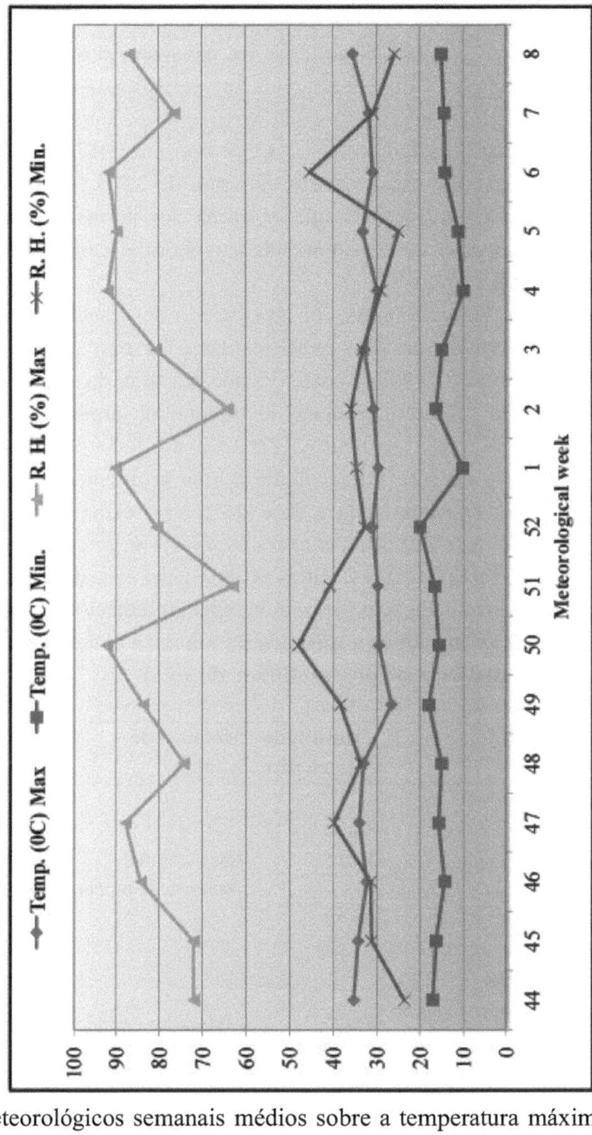

Os dados meteorológicos semanais médios sobre a temperatura máxima e mínima, a humidade relativa, as horas de sol brilhante e a evaporação durante o período de experimentação (novembro de 2017 a fevereiro de 2018) registados no Observatório Meteorológico da Quinta da Faculdade, N. M. College of Agriculture, N. A. U., Navsari são apresentados no Quadro 3.1 e representados graficamente na Figura 3.1.

Os dados meteorológicos constantes do quadro 3.1 mostram que, no decurso do inquérito, a temperatura média semanal máxima e mínima varia entre 26,6^0 C e 37,3^0 C e entre 10^0C e $19,9^0$ C, respetivamente.

A humidade relativa média variou entre 63,1 e 92,3 % de manhã e entre 22,4 e 68,3 % ao fim da tarde.

As horas de sol brilhante estavam disponíveis na faixa de 2,5 a 9,8 horas por dia $^{-1}$ durante o período de colheita. Houve uma única vez precipitação durante o período de cultivo.

A evaporação média diária variou entre 2,1 e 5,9 mm em 2017-18, respetivamente. Durante as estações de verão, esses valores variaram de 3,2 a 5,9 mm em 2016-17, respetivamente. Os dados mostraram que o clima foi normal e moderadamente favorável para o crescimento e desenvolvimento satisfatório do milho doce *rabi.*

3.1.3 Solo experimental

O solo da Instructional Farm, Navsari, foi classificado no grande grupo Ustochrepts com a série Jalalpur. O solo do sítio experimental é do tipo castanho-acinzentado escuro com topografia plana. O solo é caracterizado por uma drenagem média a má e uma boa capacidade de retenção de água. O mineral de argila predominante é a montmorilonite.

A amostra representativa do solo foi recolhida a uma profundidade de 0-30 cm em cinco pontos aleatórios, cobrindo toda a área do campo experimental, antes de se iniciar a experiência. Foi recolhida uma amostra composta de cerca de 1 kg da amostra bruta, que foi analisada relativamente a várias propriedades físicas e químicas do solo. A análise mecânica foi efectuada pelo método da pipeta internacional (Piper, 1966).

Quadro 3.2: Composição mecânica e química da amostra composta de solo da parcela experimental (0-30 cm de profundidade do solo)

(Lote n.º: E-18)

Sr. Não .	Dados	Resultado da análise	Métodos de Análise	Referência
I. Composição mecânica				
1.	Areia (%)	14.26		
2.	Silte (%)	19.15	Internacional método da pipeta	(Piper,1966)
3.	Argila (%)	66.48		
4.	Classe textural	Argila		
II. Propriedades químicas				
1.	pH do solo (rácio solo: água de 1:2,5)	7.9	Medidor de pH	(Jackson, 1973)
2.	CE a 25^0C (ds m^{-1}) (rácio solo: água de 1:2,5)	0.37	Medidor de CE	(Jackson, 1973)
3.	Carbono orgânico (%)	0.51	Walkley e Método Preto	(Piper, 1966)
4.	N disponível (kg ha^{-1})	209.6	Alcalino KMn04 método	(Subbiah e Asija, 1956)
5.	P2O5 disponível (kg ha^{-1})	40.62	Método de Olsen	(Olsen *et al.*

6.	K_2O disponível (kg ha^{-1})	384.32	Chama fotométrico método	1954) (Jackson, 1973)

O azoto disponível foi determinado pelo método do permagnato alcalino (Subbiah e Asija, 1956), o fósforo disponível pelo método de Olsen (Olsen *et al.* 1954) e o potássio disponível pelo método fotométrico de chama (Jackson, 1973).

O pH do solo foi determinado com um medidor de pH de elétrodo de vidro (Jackson, 1973), a condutividade eléctrica com um medidor de CE e o carbono orgânico com o método de Walkley e Blacks (Piper, 1966). Os resultados são apresentados no quadro 3.2.

Os dados apresentados no quadro 3.2 indicam que o solo do campo experimental era de textura argilosa e apresentava uma classificação baixa, alta e alta para o azoto disponível (209,6 kg $ha^{-1)}$, fósforo (40,62 kg $ha^{-1)}$ e potássio (384,32 kg $ha^{-1)}$, respetivamente. O solo foi encontrado ligeiramente alcalino (pH 7,9) com condutividade eléctrica normal (0,37 ds $m^{-1)}$.

3.1.4 Historial das culturas no campo experimental

A informação relativa às culturas cultivadas na parcela experimental durante os três anos anteriores em diferentes estações, juntamente com as práticas de adubação seguidas, é apresentada no Quadro 3.3.

Quadro 3.3: Historial de culturas da parcela experimental

Ano	Época	Cultura -	Fertilizante aplicado (kg ha^{-1})		
			N	P2O5	K2O
2014-2015	*Quaresma*	pousio	-	-	-
	Rabi	Sorgo	80	40	00
	verão	Grama verde	20	40	00
2015-2016	*Quaresma*	Arroz	100	30	00
	Rabi	Pousio	-	-	-
	verão	Feijão indiano	25	50	00
2016-2017	*Quaresma*	Pousio	20	40	00
	Rabi	Sunnhemp e Dhainch	20	50	00
	verão	Arroz	100	50	00
2017-2018	*Quaresma*	Pousio	-	-	-
	Rabi	Milho doce (Investigação atual)		Conforme o tratamento	

3.1.5 Detalhes experimentais

Os pormenores da experiência foram os seguintes.

3.1.5.1Pormenores do tratamento

Os pormenores dos tratamentos são apresentados a seguir.

Taxa de aplicação de azoto (kg ha^{-1})

N :1 90

N :2 120

N :3 150

N :4 180

Momento da aplicação do azoto

T1 : Basal + ^ na altura do joelho

T2 : ^ Basal + % altura do joelho + % borbulha

T3 : 1/3 Basal + 1/3 altura do joelho + 1/3 borla

T4 : % Basal + ^ à altura do joelho + % de borbulha

3.1.5.2 Outros pormenores

1. Localização e Agro Sub-região climática	College Farm, N.M. College of Agriculture, NAU, Navsari-396450 (Zona I de chuvas fortes em Gujarat do Sul)
2. Cultura e variedade	Milho doce, Açúcar 75
3. Ano de início	*Rabi* 2017-18
4. Conceção	Desenho Fatorial em Blocos Aleatórios (FRBD)
5. Número de réplicas	3 (Três)
6. Tratamentos	Dezasseis
7. Número total de parcelas	48 (quarenta e oito)
8. Dimensão da parcela	Bruto: 3,6 m x 3,2 m Rede: 2,4 m x 2,4 m
9. Área total da experiência	552.96 m^2
10. Método de sementeira	Dibbling
11. Espaçamento	60 x 20 cm
12. Taxa de sementeira	15 kg ha^{-1}
13. Dose de fertilizante	Conforme o tratamento NPK kg ha^{-1}
14. Planta de implantação	Dado na fig.3.2

3.1.6 Calendário da ação cultural

O calendário das operações de pré e pós-sementeira efectuadas no campo experimental é apresentado no quadro 3.4.

3.1.6.1 Preparação do terreno

O terreno foi lavrado com um trator imediatamente após a colheita da cultura anterior. Posteriormente, foi gradada duas vezes com grade de lâminas para obter uma cama de sementes solta e friável. Os restolhos da cultura anterior foram recolhidos antes da última gradagem. O campo foi assim mantido para a sementeira. Foram preparados feixes para separar as unidades experimentais e as réplicas, como ilustrado na fig. 3.2.

3.1.6.2Disposição do campo

O campo foi marcado em parcelas de acordo com o plano de aleatorização e, dentro destas parcelas, as linhas foram marcadas com um marcador.

3.1.6.3Caraterísticas salientes da variedade

A variedade de milho doce Sugar-75 foi utilizada para este estudo. As plantas são robustas e vigorosas, com uma altura de 160 a 180 cm e um período de maturação de 90 a 100 dias. É uma variedade de alto rendimento com espigas de grau "A", com uma boa forma cilíndrica, com cor de grão amarelo dourado, excelente enchimento da ponta, muito doce (TSS cerca de 16%) e adequada para o mercado de produtos frescos e de transformação.

3.1.6.4 Fertilização

A cultura foi fertilizada de acordo com o tratamento. A dose total de fósforo e potássio foi aplicada como aplicação basal sob a forma de superfosfato simples e muriato de potássio, respetivamente, imediatamente antes da sementeira. O azoto foi aplicado de acordo com os tratamentos sob a forma de ureia.

3.1.6.5 Sementes e sementeiras

As sementes de milho doce da variedade Sugar-75 foram usadas para esta experiência, de acordo com o tratamento de espaçamento, a quantidade necessária de sementes foi calculada para a área experimental. A quantidade de sementes por parcela foi pesada e uma semente por buraco foi colocada a 4-5 cm de profundidade nos sulcos fertilizados com um espaçamento de

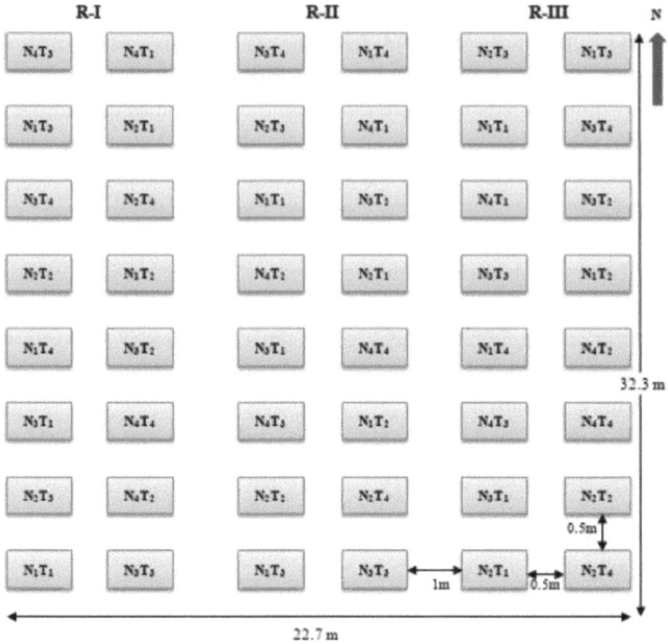

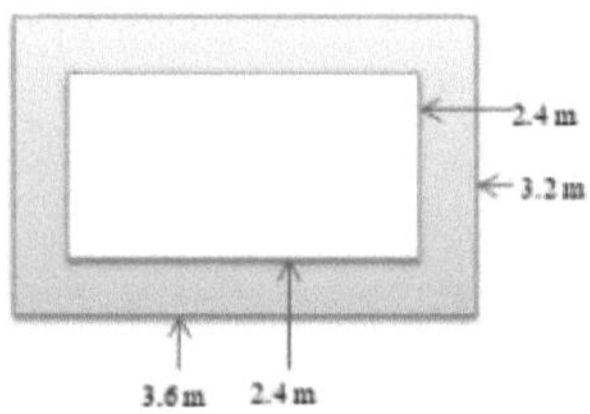

Design	:	**FRBD**
Replications	:	**3 (Three)**
Gross plot size	:	**3.6 m × 3.2 m**
Net plot size	:	**2.4 m × 2.4 m**

Fig. 3.2 Planta de implantação

Placa I: Vista geral da parcela experimental

60 cm x 20 cm. As sementes foram devidamente cobertas com terra e foi aplicada uma ligeira irrigação em cada parcela imediatamente após a sementeira.

3.1.6.6 Preenchimento de lacunas

Após duas semanas de sementeira, procedeu-se ao enchimento de espaços sempre que necessário para manter uma população óptima de plantas.

3.1.6.7 Monda e intercultura

Para minimizar a competição das ervas daninhas, foi aplicada Atrazina @ 1,0 kg a.i. ha^{-1} como pré-emergência, seguida de uma operação de intercultura aos 25 DAS e uma monda manual 30 DAS após a sementeira em todas as parcelas.

3.1.6.8 Irrigação

A primeira irrigação foi dada logo após a semeadura para uma germinação adequada, enquanto as outras irrigações foram aplicadas uniformemente em todas as parcelas experimentais, conforme mencionado na tabela 3.4.

3.1.6.9 Proteção das plantas

Em geral, o stand da cultura foi satisfatório e não houve incidência grave de doenças e pragas, no entanto, a cultura foi ligeiramente infetada pela broca do caule (*Chilo partellus*) na fase inicial, para a qual foi feita a aplicação de forato 10-G @ 10 kg ha^{-1} aos 30 DAS e clorpirifos @ 1 kg ha^{-1} aos 50 DAS. Não se registou incidência de doenças nas diferentes fases da cultura.

3.1.6.10 Colheita

A espiga estava pronta para ser colhida após 90-100 DAS. No total, houve duas colheitas com um intervalo de 7 dias para a colheita completa das espigas. A colheita era normalmente feita de manhã, quando a percentagem de humidade era elevada e a temperatura era baixa. Em primeiro lugar, as espigas foram colhidas nas linhas de fronteira (linhas circulares) e mantidas separadamente. Depois, as espigas foram colhidas em parcelas de rede. Após a colheita, a casca foi cuidadosamente removida e as espigas doces frescas foram embaladas em sacos de polietileno e pesadas em parcelas individuais. Após a colheita final, o rendimento total de cada tratamento foi calculado através da soma dos rendimentos de cada colheita. Após a última colheita, a forragem da linha de fronteira e das parcelas da rede foi colhida separadamente e pesada para cada parcela, depois de secar à luz do sol durante dez dias, e a produção de forragem seca foi expressa em kg ha^{-1}.

Quadro 3.4 Calendário das acções culturais

Sr. Não.	Operação no terreno	Frequência	Data da ação
A)	**Operações de pré-sementeira**		
	Lavoura com trator	1	08-11-2017
	Lavoura com trator	2	08-11-2017
	Limpeza	1	08-11-2017
	Preparação da planta do terreno	1	13-11-2017
B)	**Operações de sementeira e pós-sementeira**		
	Semeadura	1	14-11-2017

	Preenchimento de lacunas	1	28-11-2017
	Aplicação de fertilizantes (conforme o tratamento)		
	Dose basal de NPK	1	14-11-2017
	Segunda dose de N à altura do joelho	1	13-12-2017
	Terceira dose de azoto no despontar	1	04-01-2018
	Monda		
	Pulverização de herbicida de pré-emergência	1	15-11-2017
	Intercultura	1	08-12-2017
	Monda manual	1	13-12-2017
	Irrigação		
	1st irrigação	7	14-11-2017
	2nd irrigação		27-11-2017
	3 rd irrigação		13-12-2017
	4th irrigação		23-12-2017
	5th irrigação		04-01-2018
	6th irrigação		22-01-2018
	Medidas fitossanitárias		
	Phorete 10 G	1	14-12-2017
	Cloropirífos	1	02-01-2018
	Colheita das espigas	2	14-02-2018
			21-02-2018
	Colheita	1	23-02-2018

3.2 Pormenores da recolha de dados

3.2.1 Observações biométricas

3.2.1.1 Técnicas de amostragem

As várias observações biométricas foram registadas em cinco plantas selecionadas aleatoriamente de cada parcela. As estacas de bambu foram fixadas com etiquetas perto das plantas de observação para facilitar a sua localização. As observações de crescimento foram registadas aos 30 DAS, 60 DAS e na colheita. As observações biométricas e a respectiva frequência registadas durante o período de investigação são apresentadas no quadro 3.5.

3.2.2 Caracteres de crescimento

3.2.2.1 Contagem de plantas

A contagem inicial e final das plantas foi registada através da contagem de todas as plantas em cada parcela da rede aos 30 DAS e na colheita da cultura, respetivamente.

3.2.2.2 Altura da planta

A altura periódica das plantas aos 30 DAS, 60 DAS e na colheita foi medida desde o nível do solo até à ponta do rebento principal das cinco plantas selecionadas de cada parcela da rede. Os valores médios de cada parcela em cada fase foram calculados e registados.

3.2.2.3 Número de folhas por planta

Foram contadas e calculadas as médias das folhas fisiologicamente activas de cinco plantas selecionadas aleatoriamente de cada parcela da rede aos 30 DAS, 60 DAS e na colheita.

3.2.2.4 Diâmetro do caule

As mesmas cinco plantas selecionadas aleatoriamente de cada parcela de rede aos 30 DAS, 60 DAS e na colheita, que foram utilizadas para medir o comprimento, foram também utilizadas para medir o diâmetro. O diâmetro foi medido em cm a partir do topo, do meio e da base do caule com um compasso de calibre vernier e o valor médio foi registado.

3.2.2.5 Dias até ao 50 % de borla

O número de dias necessários desde a sementeira até ao aparecimento de 50 % de borlas foi registado através da observação das plantas com borlas emergentes na parcela da rede.

3.2.3 Atributos de rendimento e rendimento

3.2.3.1Número de espigas por planta

O número total de espigas das plantas da amostra foi contado para os respectivos tratamentos e os valores médios foram registados.

3.2.3.2 Comprimento da espiga (cm)

As cinco espigas das plantas observadas foram selecionadas aleatoriamente e utilizadas para registar o comprimento das espigas em cm. O comprimento foi medido da base até à ponta da espiga com casca e foram registados os valores médios.

3.2.3.3 Comprimento da espiga sem casca (cm)

As cinco espigas das plantas observadas foram selecionadas aleatoriamente e utilizadas para registar o comprimento das espigas em cm. O comprimento foi medido da base até à ponta da espiga sem casca e foram registados os valores médios.

3.2.3.4 Diâmetro da espiga com casca (cm)

As mesmas cinco espigas que foram utilizadas para medir o comprimento foram também utilizadas para medir o diâmetro. O diâmetro foi medido em cm a partir do topo, do meio e da base da espiga com casca, com um paquímetro de vernier, e o valor médio foi registado.

3.2.3.5 Diâmetro da espiga sem casca (cm)

As mesmas cinco espigas que foram utilizadas para medir o comprimento foram também utilizadas para medir o diâmetro. O diâmetro foi medido em cm a partir do topo, do meio e da base da espiga sem casca, com um paquímetro de vernier, e o valor médio foi registado.

3.2.3.6 Peso das espigas com casca (g)

As espigas de cinco plantas selecionadas aleatoriamente foram retiradas e foram retiradas com casca, sendo o peso individual da espiga por planta expresso em gramas (g).

3.2.3.7 Peso das espigas sem casca (g)

As espigas de cinco plantas selecionadas aleatoriamente foram retiradas e o peso individual da espiga por planta, sem casca, foi expresso em gramas (g). **3.2.3.8**

Número de fileiras de grãos da espiga^{-1}

O número médio de fileiras de grãos por espiga foi calculado contando o total de fileiras de todas as espigas observadas e dividindo-o pelo número de espigas.

Tabela 3.5. Observações biométricas registadas em diferentes fases de crescimento e respectiva frequência

Sr. Não.	Particularidades	Frequência	DAS	Tamanho da amostra
A)	**Caracteres de crescimento**			
1.	População de plantas	2	Aos 30 DAS e na colheita	Parcela líquida
2.	Altura da planta (cm)	3	30,60 & Em colheita	5 plantas aleatórias net plot^{-1}
3.	N.º de folhas da planta^{-1}	3	30,60 & Na colheita	5 plantas aleatórias net plot^{-1}
4.	Diâmetro do caule	3	30,60 & Na colheita	5 plantas aleatórias net plot^{-1}
5.	Dias até ao 50 % de desponta	1	50 por cento das plantas atingiram a fase de desponta	Todas as plantas de cada parcela de rede
B)	**Rendimento e atributos do rendimento**			
1.	Número de espigas plantadas^{-1}	1	Na colheita	5 random cob net plot^{-1}
2.	Comprimento da espiga com casca (cm)	1	Na colheita	5 random cob net plot^{-1}
3.	Comprimento da espiga sem casca (cm)	1	Na colheita	5 random cob net plot^{-1}
4.	Diâmetro da espiga com casca (cm)	1	Na colheita	5 random cob net plot^{-1}
5.	Diâmetro da espiga sem casca (cm)	1	Na colheita	5 random cob net plot^{-1}
6.	Peso da maçaroca com casca (g)	1	Na colheita	5 random cob net plot^{-1}
7.	Peso da espiga sem casca (g)	1	Na colheita	5 random cob net plot^{-1}
8.	Número de filas de grãos da espiga^{-1}	1	Na colheita	5 random cob net plot^{-1}
9.	Número de filas de grãos^{-1} da espiga	1	Na colheita	5 random cob net plot^{-1}
10.	Número de grãos em espiga^{-1}	1	Na colheita	5 random cob net plot^{-1}
11.	Peso fresco do grão em espiga^{-1} (g)	1	Na colheita	5 random cob net plot^{-1}
12.	Rendimento de espigas verdes (kg ha^{-1})	1	Na colheita	Todas as plantas da parcela líquida
13.	Rendimento de forragem verde (kg ha^{-1})	1	Na colheita	Todas as plantas da parcela líquida
C)	**Estudos de qualidade**			
1.	Açúcar total (%) do grão	1	Na colheita	5 random cob net plot^{-1}
2.	Proteína (%) de grãos e forragens	1	Na colheita	5 random cob net plot^{-1}
D)	**Estudos de nutrientes**			
1.	Análise inicial do solo (N disponível, P2O5 e K2O)	1	Antes da sementeira	Amostras de solo colhidas de 0-30 cm de profundidade em 5 pontos aleatórios
2.	Análise do solo após a colheita (N	1	Na colheita	Amostras de solo colhidas

	disponível, P_2O_5 e K_2O)			de 0-30 cm de profundidade em 5 pontos aleatórios
3.	Teor de NPK e absorção pelos cereais e forragens	1	Na colheita	Amostras de plantas colhidas em cada parcela da rede
E)	**Economia**			
1.	Rendimento monetário bruto (Rs. ha^{-1})			
2.	Rendimento monetário líquido (Rs. ha^{-1})			
3.	Rácio benefício : custo			

3.2.3.9 Número de grãos em linha^{-1} de espiga

O número médio de grãos por fileira foi calculado contando o total de grãos por fileira das espigas observadas e dividindo-o pelo número de fileiras.

3.2.3.10 Número de grãos em espiga^{-1}

O número médio de grãos por espiga foi calculado através da contagem do total de linhas de todas as espigas observadas e do número de grãos por linha.

Número de grãos por espiga = N.º de linhas χ N.º de grãos por linha.

3.2.3.11 Peso fresco da espiga de grão^{-1}

As espigas selecionadas aleatoriamente para o comprimento foram também submetidas ao registo do peso fresco do grão por espiga e calculou-se o peso médio do grão por espiga, expresso em g.

3.2.3.12 Rendimento em espiga verde (q ha^{-1})

O peso das espigas, em kg, foi registado por parcela, com a casca separada. As espigas foram colhidas duas vezes na fase correta da área da parcela. Foi registado o peso coletivo das duas colheitas para cada tratamento. Finalmente, o rendimento do milho doce foi expresso em hectares.

3.2.3.13 Rendimento de forragem verde (q ha^{-1})

Após a colheita final das espigas, as plantas verdes da área da parcela foram colhidas por foice. O peso da planta verde em kg foi registado e finalmente convertido numa base hectare.

3.2.3.14 Índice de colheita

O índice de colheita foi calculado através da seguinte fórmula.

$$\text{H. I. (\%)} = \frac{\text{Economic yield}}{\text{Biological yield}} \times 100$$

~~Rendimento económico~~ x 100

Rendimento biológico

3.2.4 Estudos de qualidade

3.2.4.1 Teor de açúcar total no grão (%)

Utilizou-se o filtrado obtido para a dosagem do açúcar redutor. Tomou-se uma alíquota de 50 ml do filtrado para um balão volumétrico de 250 ml, ao qual se adicionaram 5 ml de ácido clorídrico diluído (1:1) e se manteve a solução em inversão durante 24 horas à temperatura ambiente. Em seguida, a solução foi neutralizada com hidróxido de sódio a 40 % até ao aparecimento de uma cor rosa, utilizando fenolftaleína como indicador, e o volume final foi completado até 100 ml com água destilada. A solução foi titulada com a mistura de Fehling em ebulição.

A percentagem de açúcar total foi expressa em açúcar invertido e calculada através da seguinte fórmula

$$\text{Total sugar (\%)} = \frac{\text{Glucose equivalent (0.05)} \times \text{Total volume made up} \times \text{Volume made up after inversion}}{\text{Titer} \times \text{Volume of sample taken} \times \text{Aliquot taken for inversion}} \times 100$$

3.2.4.2 Teor de proteínas (%)

O teor proteico do milho doce foi calculado utilizando o teor de azoto do grão e da forragem com a seguinte fórmula

Teor de proteínas (%) = Teor de azoto (%) χ 6,25

3.2.5 Estudos químicos

3.2.5.1Teor de nutrientes nos cereais e forragens (%)

Foram colhidas amostras representativas do grão e da forragem, separadamente de cada parcela da rede, para estimar o teor de N, P e K. As amostras foram secas em estufa a 70^0 C ± 2 durante 24 horas, trituradas em pó por um moinho mecânico e analisadas quanto ao respetivo teor de nutrientes utilizando os seguintes procedimentos.

Sr. Não.	Particular	Procedimento utilizado	Referência
1.	Azoto (%)	Método de Kjeldahl modificado	Jackson (1973)
2.	Fósforo (%)	Ácido vanadomolíbdico fosfórico Método da cor amarela	Jackson (1973)
3.	Potássio (%)	Método fotométrico de chama	Jackson (1973)

3.2.5.1Absorção de nutrientes pelos cereais e forragens (kg ha^{-1})

A absorção de nutrientes pelo grão de milho doce e pela forragem foi calculada através da seguinte fórmula.

$$\text{Nutrient uptake (kg ha}^{-1}\text{)} = \frac{\text{Nutrient content in grain or fodder yield (\%)} \times \text{Total dry grain or fodder yield (kg ha}^{-1}\text{)}}{100}$$

Nutrientes Teor de nutrientes no grão ou Total de grãos secos ou forragens consumo = rendimento forrageiro (%)xrendimento (kg ha-1)(kg ha'[1])

3.2.5.2Estado do NPK no solo antes e depois da colheita da cultura

Para estimar o azoto, fósforo e potássio disponíveis no solo antes da sementeira e após a colheita da cultura, foram colhidas amostras representativas do solo de cada parcela experimental a 0-30 cm de profundidade, analisadas conforme descrito no Quadro 3.5.

Determinação	Método utilizado	Referência
Azoto disponível (kg ha^{-1})	Método alcalino do KMnO4	Jackson (1973)
Fósforo disponível (kg ha^{-1})	Ácido vanadomolíbdico fosfórico de cor amarela	Jackson (1973)
Potássio disponível (kg ha^{-1})	Método fotométrico de chama	Jackson (1973)

3.2.6 Económico

3.2.6.1Custo da cultura

O custo de cultivo (Rs. $ha^{-1)}$ de cada tratamento foi calculado tendo em conta o preço dos factores de produção, a produção e outros encargos indicados no apêndice I e no apêndice II.

3.2.6.2 Rendimentos brutos

Os rendimentos brutos (Rs. $ha^{-1)}$ foram calculados tendo em conta os rendimentos de milho doce verde e de forragem verde de cada tratamento e os preços do mercado local

3.2.6.3Rendimentos líquidos

Os rendimentos líquidos (Rs. $ha^{-1)}$ de cada tratamento foram calculados deduzindo o custo total de cultivo de (Rs. ha^{-1}) dos rendimentos brutos.

3.2.6.4 Rácio benefício-custo

O rácio benefício-custo foi calculado através da seguinte fórmula

$$\text{Benefit cost ratio} = \frac{\text{Gross returns (Rs. ha}^{-1}\text{)}}{\text{Total cost of cultivation (Rs. ha}^{-1}\text{)}}$$

Rácio benefício-custo

$$\frac{\text{Rendimentos brutos (Rs. ha}^{-1}\text{)}}{\text{Custo total da cultura (Rs. ha-1)}}$$

3.2.7 Análise estatística

A análise estatística dos dados registados para os diferentes caracteres durante o curso da investigação foi realizada através do procedimento adequado ao desenho da experiência, tal como descrito por Panse e Sukhatme (1967).

A significância da diferença foi testada pelo teste "F". Foi utilizado um nível de significância de cinco por cento para testar a significância dos resultados. As diferenças críticas foram calculadas quando as diferenças entre tratamentos foram consideradas significativas no teste 'F'. Nos restantes casos, apenas foi calculado o erro padrão das médias. Foi também calculado o coeficiente de variação (C.V. %).

CAPÍTULO - IV

RESULTADOS EXPERIMENTAIS

As conclusões importantes sob a forma de dados resumidos sobre o crescimento, rendimento, qualidade, nutrientes e aspeto económico do milho doce, influenciados por diferentes taxas de azoto e tempo de aplicação de azoto, durante o curso da investigação, são interpretadas criticamente e os resultados são apresentados neste capítulo, juntamente com tabelas apropriadas e representados graficamente sob os títulos apropriados

4.1 Caracteres de crescimento

4.2 Rendimento e atributos do rendimento

4.3 Estudos de qualidade

4.4 Estudos de nutrientes

4.5 Economia

4.1 Caracteres de crescimento

Os dados sobre o estande da planta, a altura da planta, o número de folhas por planta, o diâmetro do caule e os dias para 50 % de desfolhamento registados em várias fases de crescimento são apresentados nos quadros 4.1 a 4.5.

4.1.1 Suporte de plantas

Os resultados relativos ao número de plantas ha^{-1} influenciados por diferentes taxas de azoto e tempo de aplicação de azoto aos 30 DAS e na colheita foram analisados estatisticamente e são apresentados no quadro 4.1.

4.1.1.1 Efeito dos níveis de azoto

Uma leitura dos dados indicou que os níveis de azoto mostraram um efeito não significativo no estande da planta em ambos os estágios *viz.* 30 DAS e na colheita.

4.1.1.2 Efeito do tempo de aplicação de azoto

A análise dos dados indicou que o estande de plantas não diferiu significativamente em função do tempo de aplicação de nitrogênio no estágio inicial de crescimento (30 DAS) e na colheita do milho doce.

4.1.1.3 Efeito de interação

Tabela 4.1: Contagem de emergência e estande final de plantas de milho doce influenciados por diferentes tratamentos

Tratamentos	População de plantas (N.º ha^{-1})	
	A 30 DAS	**Na colheita**
(A) Níveis de azoto		
N1 : 90	70229	67347
N2: 120	71790	68226
N3: 150	72722	68342
N4: 180	73123	69392
S.Em.±	2346.47	2125.10
C.D. a 5%	NS	NS
(B) Momento da aplicação do azoto		
T1 : Ц Basal + Ц à altura do joelho	70500	66901

T_2 : Ц Basal + % altura do joelho + % de borbulha	71513	68744
T_3 : 1/3 Basal + 1/3 altura do joelho + 1/3 borbulha	72864	68797
T4 : % Basal + Ц à altura do joelho + % de borbulha	72986	68865
S.Em.±	2346.47	2125.10
C.D. a 5%	NS	NS
Interações		
N X T	NS	NS
C.V. %	11.29	10.77
Média geral	71966	68327

A interação entre os níveis de azoto e o tempo de aplicação de azoto não expressou o seu efeito significativo no estande de plantas em ambas as fases, ou *seja,* inicial (30 DAS) e estande de plantas final (na colheita).

4.1.2 Altura da planta

Os dados relativos à altura das plantas registados no intervalo periódico de 30 DAS, 60 DAS e na colheita de milho doce, influenciados pelos níveis de azoto e pelo tempo de aplicação de azoto e sua interação, são apresentados no quadro 4.2 e ilustrados graficamente na fig. 4.3.

4.1.2.1 Efeito dos níveis de azoto

Uma análise dos dados indicou que os diferentes níveis de azoto tiveram um efeito significativo na altura das plantas registada aos 60 DAS e na colheita do milho doce, exceto aos 30 DAS. Significativamente, as plantas mais altas (115,78 e 207,99 cm, respetivamente) foram observadas sob a taxa de azoto de 180 kg N ha^{-1} (N_4) e foi a par com 150 kg N ha^{-1} (N_3). Enquanto que a planta mais curta (100,18 e 183,17 cm, respetivamente) foi registada na taxa de azoto de 90 kg N ha^{-1} (N_1) aos 60 DAS e na colheita.

4.1.2.2 Efeito da época de aplicação do azoto

O tempo de aplicação de azoto teve uma profunda influência na altura das plantas nos estádios de crescimento, *ou seja,* aos 60 DAS e na colheita do milho doce, exceto aos 30 DAS. A aplicação de nitrogênio em % basal + ^ na altura do joelho + % desfolhamento (T_4) registrou a altura de planta significativamente mais alta (112,08 e 208,52 cm respetivamente) aos 60 DAS e na colheita e foi igual a $^1/_3$ Basal + $^1/_3$ altura do joelho + $1/_3$ desfolhamento (T_3) e ^ basal + % altura do joelho + % desfolhamento (T_2). Significativamente, a menor altura de planta (98,95 e 180,19 cm, respetivamente) foi observada com a aplicação de nitrogênio no tratamento ^ basal + ^ na altura do joelho (T_1) durante os estágios de crescimento, *ou seja*, aos 60 DAS e na colheita do milho doce.

4.1.2.3 Efeito de interação

O efeito de interação entre os níveis de azoto e o tempo de aplicação de azoto foi considerado não significativo no que diz respeito à altura das plantas registada aos 30 DAS, 60 DAS e na colheita de milho doce.

Quadro 4.2: Altura da planta (cm) de milho doce influenciada por diferentes tratamentos em diferentes fases de crescimento da cultura

Tratamentos	Altura da planta (cm)

	A 30 DAS	A 60 DAS	Na Colheita
(A) Níveis de azoto			
N1 : 90	37.73	100.18	183.17
N2: 120	37.88	102.17	193.43
N3: 150	38.60	108.65	204.41
N4: 180	39.42	115.78	207.99
S.Em.±	0.68	2.50	3.57
C.D. a 5%	NS	7.23	10.31
(B) Momento da aplicação do azoto			
T1 : Ц Basal + Ц à altura do joelho	37.55	98.95	180.19
T_2 : Ц Basal + % altura do joelho + % de borbulha	37.72	105.72	199.23
T_3 : 1/3 Basal + 1/3 altura do joelho + 1/3 borbulha	39.08	110.03	201.06
T4 : % Basal + Ц à altura do joelho + % de borbulha	39.28	112.08	208.52
S.Em.±	0.68	2.50	3.57
C.D. a 5%	NS	7.23	10.31
Interações			
N X T	NS	NS	NS
C.V. %	6.12	8.12	6.27
Média geral	38.40	106.70	197.25

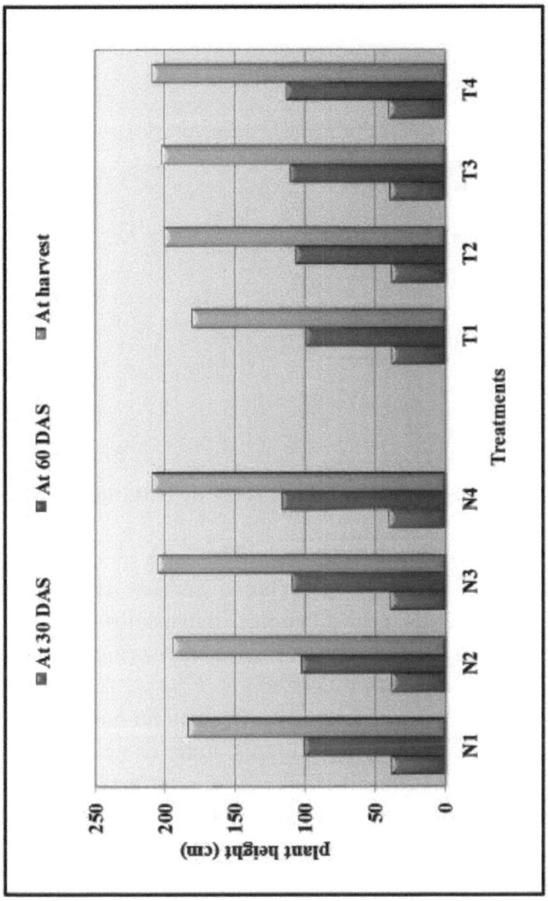

Fig. 4.3: Altura da planta (cm) de milho doce influenciada por diferentes tratamentos em diferentes fases de crescimento da cultura

Placa II: Vista geral da parcela de tratamento N_4T_4

4.1.3 Número de folhas por planta

Os resultados relatados na tabela 4.3 sobre o número de folhas por planta como influenciado periodicamente por diferentes tratamentos em vários estágios de crescimento, *ou seja,* aos 30 DAS, 60 DAS e na colheita (Fig. 4.4).

4.1.3.1 Efeito dos níveis de azoto

Os níveis de azoto tiveram uma profunda influência no número de folhas por planta aos 60 DAS e na colheita, exceto aos 30 DAS. Entre os níveis de azoto testados, 180 kg N ha^{-1} (N_4) registou significativamente o número máximo de folhas por planta (10,96 e 15,60, respetivamente) e foi igual a 150 kg N ha^{-1} (N_3). Enquanto que o número mínimo de folhas por planta (9,82 e 13,82) foi registado com 90 kg N ha^{-1} (N_1) aos 60 DAS e na colheita, respetivamente.

4.1.3.2 Efeito da época de aplicação do azoto

Os dados revelaram que o tempo de aplicação de azoto teve um efeito significativo no número de folhas por planta registado aos 60 DAS e na colheita, exceto aos 30 DAS. O número máximo de folhas por planta (10,98 e 15,42, respetivamente) foi registrado com % basal + ^ na altura do joelho + % desfolhamento (T_4) e foi igual a $^1/_3$ basal + $^1/_3$ altura do joelho + $^1/_3$ desfolhamento (T_3) e ^ basal + % altura do joelho + % desfolhamento (T_1). Considerando que, o número mínimo de folhas por planta (9,46 e 13,84, respetivamente) foi registado com ^ Basal + ^ na altura do joelho (T_1) aos 60 DAS e na colheita.

4.1.3.4 Efeito de interação

O efeito de interação entre os níveis de azoto e o tempo de aplicação de azoto foi considerado não significativo no que diz respeito ao número de folhas por planta registado aos 30 DAS, 60 DAS e na colheita de milho doce.

4.1.3 Diâmetro do caule

Os dados relativos ao diâmetro do caule influenciado periodicamente por vários níveis de azoto, tempo de aplicação de azoto e a sua interação aos 30 DAS, 60 DAS e na colheita do milho doce são apresentados no quadro 4.4 e também representados graficamente na Fig. 4.5.

Tabela 4.3: Número de folhas por planta de milho doce influenciado por diferentes tratamentos em diferentes fases de crescimento da cultura

Tratamentos	Planta de folhas^{-1} (n.º)		
	A 30 DAS	**A 60 DAS**	**Na Colheita**
(A) Níveis de azoto			
N1 : 90	5.52	9.82	13.82
N2: 120	5.48	10.02	14.48
N3: 150	5.80	10.52	15.14
N4: 180	5.84	10.96	15.60
S.Em.±	0.16	0.29	0.35
C.D. a 5%	NS	0.83	1.00
(B) Momento da aplicação do azoto			
T1 : Ц Basal + Ц à altura do joelho	5.48	9.46	13.84
T_2 : Ц Basal + % altura do joelho + % de borbulha	5.50	10.34	14.70
T3 : 1/3 Basal + 1/3 altura do joelho + 1/3 borbulha	5.76	10.56	15.08
T_4 : % Basal + Ц à altura do joelho + % borbulha	5.90	10.98	15.40
S.Em.±	0.16	0.29	0.35
C.D. a 5%	NS	0.83	1.00
Interações			
N X T	NS	NS	NS
C.V. %	9.95	9.68	8.13
Média geral	5.66	10.34	14.76

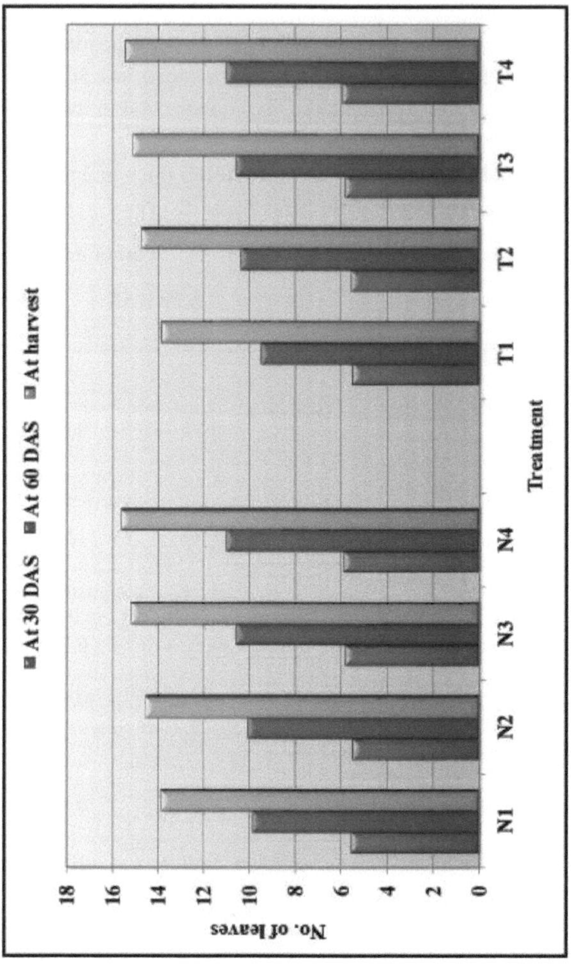

Fig. 4.4: Número de folhas por planta de milho doce influenciado por diferentes tratamentos em diferentes fases de crescimento da cultura

4.1.4.1 Efeito dos níveis de azoto

Foram observadas diferenças significativas devido aos diferentes níveis de azoto aos 60 DAS e na colheita, exceto aos 30 DAS. O diâmetro máximo do caule (1,40 cm e 1,94 cm, respetivamente) foi registado com 180 kg N ha^{-1} (N4) e foi igual a 150 kg N ha^{-1} (N3). Enquanto que o diâmetro do caule significativamente mais baixo (1,29 cm e 1,76 cm) foi registado com 90 kg ha^{-1} (N_1) aos 60 DAS e na colheita, respetivamente.

4.1.4.2 Efeito da época de aplicação do azoto

Os dados revelaram que o tempo de aplicação de azoto teve um efeito significativo no diâmetro do caule registado aos 60 DAS e na colheita, exceto aos 30 DAS. A aplicação de nitrogênio em % basal + ^ na altura do joelho + % de desfolhamento (T4) registrou significativamente o diâmetro máximo do caule (1,38 e 1,93 cm, respetivamente) e foi igual a $^{1}/_{3}$ basal + $^{1}/_{3}$ altura do joelho + $^{1}/_{3}$ desfolhamento (T_3) e ^ basal + % altura do joelho + % desfolhamento (T_2). Considerando que, significativamente, o diâmetro mínimo do caule (1,29 cm e 1,75 cm) foi registado com a aplicação de nitrogénio em ^ basal + ^ na altura do joelho (T1) aos 60 DAS e na colheita, respetivamente.

4.1.4.3 Efeito de interação

O efeito da interação entre os níveis de azoto e a época de aplicação do azoto no diâmetro do caule não foi evidente aos 30 DAS, 60 DAS e na colheita do milho doce.

4.1.5 Dias para 50% de desponta

Os dados relativos aos dias para 50 % de desponta afectados por vários níveis de azoto, tempo de aplicação de azoto e o seu efeito de interação foram apresentados no quadro 4.5 e representados na fig. 4.6.

4.1.5.1 Efeito dos níveis de azoto

A resposta dos dias para o 50 % de desponte aos diferentes níveis de azoto foi significativa. Entre os diferentes níveis de azoto, o dia até ao 50 % do perfilhamento foi observado mais tarde (55,24 dias) no nível de azoto de 180 kg N ha^{-1} (N4). A aplicação de 150 kg de N ha^{-1} (N_3), 120 kg de N ha^{-1} (N_2) e 90 kg de N ha^{-1} (N_1) mostrou 53,91, 52,74 e 51,41 dias para 50 % de desfolhamento, respetivamente.

Tabela 4.4: Diâmetro do caule (cm) do milho doce influenciado por diferentes tratamentos em diferentes fases de crescimento da cultura

Tratamentos	Diâmetro do caule (cm)		
	A 30 DAS	A 60 DAS	Na Colheita
(A) Níveis de azoto			
N1 : 90	0.99	1.29	1.76
N2: 120	1.01	1.32	1.83
N3: 150	1.03	1.37	1.92
N4: 180	1.05	1.40	1.94
S.Em.±	0.02	0.02	0.02
C.D. a 5%	NS	0.07	0.07
(B) Momento da aplicação do azoto			
T1 : y2 Basal + Ц na altura do joelho	1.00	1.29	1.75
T_2 : У2 Basal + % altura do joelho + % de borbulha	1.00	1.34	1.88
T3 : 1/3 Basal + 1/3 altura do joelho + 1/3 borbulha	1.02	1.36	1.89
T4 : % Basal + Ц à altura do joelho + % de borbulha	1.06	1.38	1.93
S.Em.±	0.02	0.02	0.02
C.D. a 5%	NS	0.07	0.07
Interações			
N X T	NS	NS	NS
C.V. %	6.62	5.98	4.25

Média geral	1.02	1.34	1.86

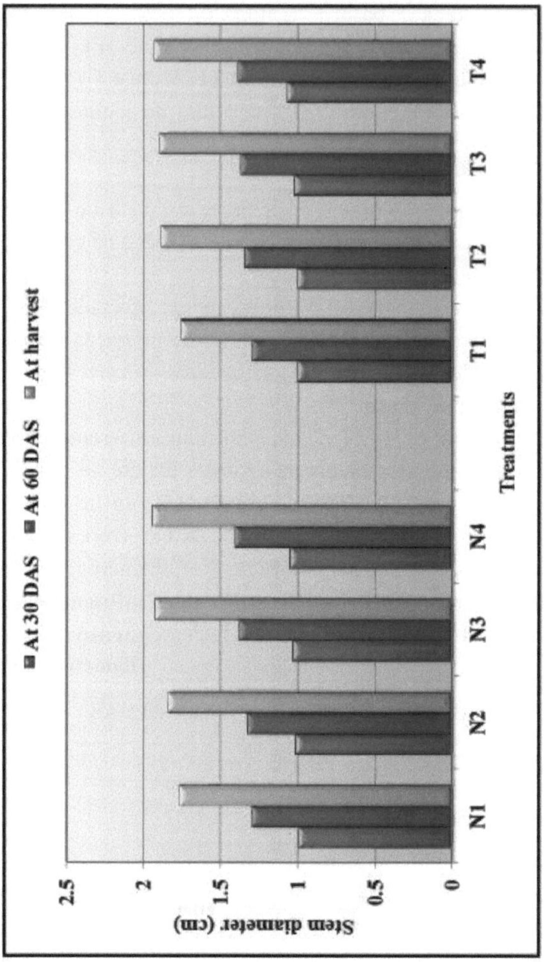

Fig. 4.5: Diâmetro do caule (cm) do milho doce influenciado por diferentes tratamentos em diferentes fases de crescimento da cultura

4.1.5.2 Efeito da época de aplicação do azoto

Os dados revelaram que a época de aplicação de azoto teve um efeito significativo nos dias de 50 % de desponta do milho doce. Foi registado um dia mínimo de 50 % de desfolhamento (51,99 dias) com a aplicação de azoto a % basal + ^ à altura do joelho + % de desfolhamento (T_4). Considerando que, a aplicação de nitrogénio a 1/3 basal + 1/3 altura do joelho + 1/3 desfolhamento (T_3), ^ basal + % altura do joelho + % desfolhamento (T_2) e ^ basal + ^ na altura do joelho (T_1) requer 52,74, 53,07 e 55,49 dias para 50 % de desfolhamento, respetivamente.

4.1.5.43 Efeito de interação

O efeito da interação entre os níveis de azoto e a época de aplicação do azoto não foi significativo nos dias de 50 % de desfolhamento do milho doce. **4.2 Rendimento e atributos de rendimento**

Os dados sobre o número de espigas por planta, o comprimento da espiga por planta, a circunferência da espiga por planta, o peso da espiga por planta, o número de grãos por fileira de espiga, o número de fileiras de grãos por espiga, o número de grãos por espiga, o peso fresco do grão por espiga, o rendimento da espiga verde, o rendimento da forragem verde, a produção total de biomassa verde e o índice de colheita registados na colheita são apresentados nos quadros 4.6 a 4.10.

4.2.1 Número de espigas por planta

Os dados sobre o número de espigas por planta registados na colheita de milho doce, influenciados por vários níveis de azoto, tempo de aplicação de azoto e a sua interação são apresentados no quadro 4.6.

4.2.1.1 Efeito dos níveis de azoto

Os dados revelaram que o número de espigas por planta registado na colheita devido aos diferentes níveis de azoto não foi significativo.

4.1.1.2 Efeito da época de aplicação do azoto

A análise dos dados indicou que o número de espigas por planta na colheita não foi significativo nas diferentes épocas de aplicação de azoto.

4.2.1.3 Efeito de interação

O efeito combinado dos níveis de azoto e da época de aplicação do azoto foi considerado não significativo no que respeita ao número de espigas

Tabela 4.5: Dias para 50% de desfolhamento do milho doce influenciado por diferentes tratamentos

Tratamentos	Dias para 50% de desfolhamento
(A) Níveis de azoto	
N :1 90	51.41
N :2 120	52.74
N :3 150	53.91
N :4 180	55.24
S.Em.±0.75	
C.D. a 5%	2.16
(B) Momento da aplicação do azoto	
T :1 Ц Basal + Ц na altura do joelho	55.49
T_2 : Ц Basal + % altura do joelho + % borbulha	53.07
T_3 : 1/3 Basal + 1/3 altura do joelho + / borla13	52.74
T_4 : % Basal +Ц à altura do joelho + % borbulha	51.99
S.Em.±0.75	
C.D. a 5%	2.16
Interações	
N X T NS	
C.V. %4.86	
Média geral	53.32

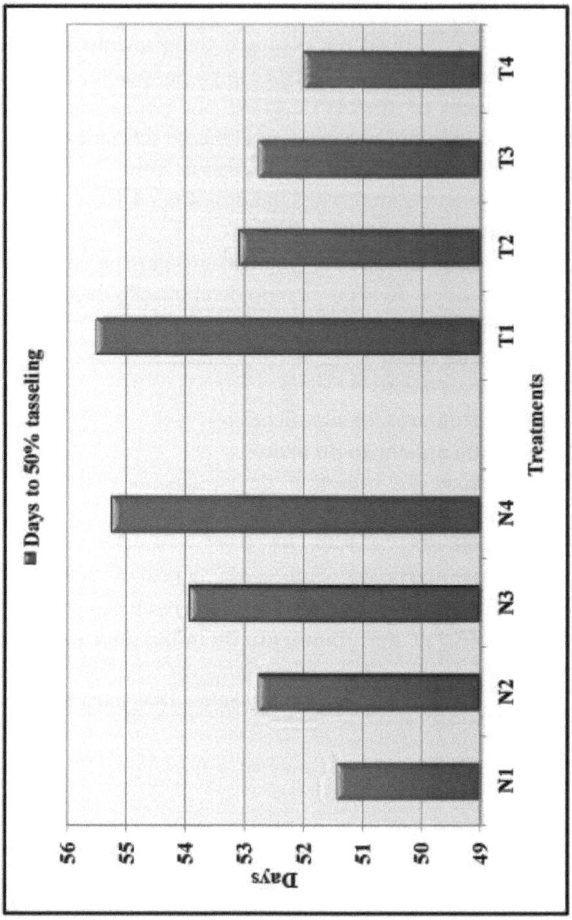

Fig. 4.6: Dias para 50% de desfolhamento do milho doce influenciado por diferentes tratamentos

por planta registados na colheita.

4.2.2 Comprimento da espiga por planta

Os dados relativos ao comprimento da espiga influenciado por vários níveis de azoto, tempo de aplicação de azoto e o seu efeito de interação são apresentados no quadro 4.7 e também representados graficamente na fig. 4.7.

4.2.2.1 Efeito dos níveis de azoto

Os níveis de azoto exerceram uma influência significativa no comprimento das espigas na colheita. O maior comprimento de espiga com e sem casca (23,78 cm e 17,38 cm, respetivamente) foi obtido com 180 kg N ha^{-1} (N_4) e foi igual a 150 kg N ha^{-1} (N_3). Por outro lado, o comprimento significativamente mais baixo da espiga com e sem casca (20,67 cm e 15,27 cm, respetivamente) foi encontrado com 90 kg N ha^{-1} (N_1).

4.2.2.2 Efeito da época de aplicação do azoto

A análise dos dados mostrou que o comprimento das espigas foi significativamente afetado pelo tempo de aplicação do azoto. A aplicação de nitrogénio a % basal + ^ na altura do joelho + % na desfolha (T_4) registou significativamente o comprimento máximo da espiga com e sem casca (23,27 cm e 16,95 cm, respetivamente) e foi igual a 1/3 basal + 1/3 na altura do joelho + 1/3 na desfolha (T3) e ^ basal + % na altura do joelho + % na desfolha (T2). Enquanto que o comprimento mínimo da espiga com e sem casca (20,66 cm e 15,28 cm, respetivamente) foi observado com a aplicação de azoto a ^ basal + ^ na altura do joelho (T1).

4.2.2.3 Efeito de interação

O efeito de interação foi considerado não significativo no que diz respeito ao comprimento da espiga com e sem casca de milho doce.

4.2.3 Diâmetro da espiga por planta

Os resultados apresentados no quadro 4.7 revelam que o diâmetro da espiga é afetado por vários níveis de azoto, tempo de aplicação de azoto e o seu efeito de interação (Fig. 4.7).

4.2.3.1 Efeito dos níveis de azoto

A influência dos níveis de azoto foi significativa no diâmetro das espigas com e sem casca. O maior diâmetro de espiga com e sem casca (5,98 cm e 5,06 cm, respetivamente) foi registado com azoto

Tabela 4.6: Número de espigas por planta de milho doce influenciado por diferentes tratamentos

Tratamentos	espigas planta^{-1} (n.º)
(A) Níveis de azoto	
N :1 90	1.38
N :2 120	1.25
N :3 150	1.28
N :4 180	1.37
S.Em.±0.05	
C.D. a 5%	NS
(B) Momento da aplicação do azoto	
T :1 2 УBasal + Ц na altura do joelho	1.28
T_2 : 2 УBasal + % altura do joelho + % de borla	1.32
T_3 : 1/3 Basal + /13 altura do joelho + / borla13	1.38
T_4 : % Basal + Ц à altura do joelho + % borla	1.30
S.Em.±0.05	
C.D. a 5%	NS
Interações	
N X T	NS
C.V. %	13.17
Média geral	1.32

O diâmetro da espiga com e sem casca mais baixo (5,41 cm e 4,69 cm, respetivamente) foi encontrado com 90 kg N ha$^{(-1)}$($N_{(1)}$)). Por outro lado, o menor diâmetro de espiga com e sem casca (5,41 cm e 4,69 cm, respetivamente) foi encontrado com 90 kg N ha^{-1} (N_1).

4.2.3.2 Efeito da época de aplicação do azoto

Os dados revelaram que o tempo de aplicação de azoto influenciou significativamente o diâmetro da espiga com e sem casca. O maior diâmetro de espiga com e sem casca (5,85 cm e 4,98 cm, respetivamente) foi encontrado com a aplicação de nitrogênio em % basal + ^ na altura do joelho + % de desponte (T_4) e foi igual aos tratamentos $^1/3$ basal + $^1/3$ altura do joelho + $^1/3$ desponte (T3) e ^ basal + % altura do joelho + % desponte (T_2). Considerando que, o diâmetro mais baixo da espiga com e sem casca (5,54 cm e 4,66 cm, respetivamente) foi encontrado com a aplicação de nitrogénio em ^ Basal + ^ na altura do joelho (T_1).

4.2.3.3 Efeito de interação

O efeito de interação entre os níveis de azoto e o tempo de aplicação de azoto foi considerado não significativo no que diz respeito ao diâmetro da espiga com e sem casca de milho doce.

4.2.4 Peso da espiga por planta

O peso da espiga por planta foi significativamente afetado por vários níveis de azoto, tempo de aplicação de azoto e o seu efeito de interação são apresentados no quadro 4.8 e também representados graficamente na fig. 4.8.

4.2.4.1 Efeito dos níveis de azoto

Os dados mostraram que o peso da espiga por planta foi influenciado significativamente por vários níveis de azoto. O peso significativamente mais alto de espiga por planta com e sem casca (252,17 g e 210,17 g, respetivamente) foi registado com 180 kg N ha^{-1} (N_4) e foi igual a 150 kg N ha^{-1} (N_3). Por outro lado, o menor peso de espiga por planta com e sem casca (172,42 g e 137,42 g, respetivamente) foi encontrado com 90 kg N ha^{-1}.

4.2.4.2 Efeito da época de aplicação do azoto

Os dados relativos ao peso da espiga com e sem casca por planta de milho doce revelaram que o tempo de aplicação de azoto teve um efeito significativo no peso da espiga por planta. Entre as épocas de aplicação de azoto

Quadro 4.7: Comprimento da espiga (cm) e diâmetro da espiga (cm) de milho doce influenciados por diferentes tratamentos

Tratamentos	Comprimento da espiga (cm)		Diâmetro da espiga (cm)	
	Com casca	Sem casca	Com casca	Sem casca
(A) Níveis de azoto				
N1 : 90	20.67	15.27	5.41	4.69
N2: 120	21.86	15.42	5.66	4.71
N3: 150	23.00	16.53	5.79	4.93
N4: 180	23.78	17.38	5.98	5.06
S.Em.±	0.60	0.42	0.07	0.08
C.D. a 5%	1.72	1.23	0.21	0.23
(B) Momento da aplicação do azoto				

T1 : y2 Basal + Ц na altura do joelho	20.66	15.28	5.54	4.66
T_2 : У2 Basal + % altura do joelho + % de borbulha	22.51	15.88	5.70	4.86
T_3 : 1/3 Basal + 1/3 altura do joelho + 1/3 borbulha	22.87	16.50	5.75	4.89
T_4 : % Basal + Ц à altura do joelho + % borbulha	23.27	16.95	5.85	4.98
S.Em.±	0.60	0.42	0.07	0.08
C.D. a 5%	1.72	1.23	0.21	0.23
Interações				
N X T	NS	NS	NS	NS
C.V. %	9.25	9.10	4.49	5.59
Média geral	22.33	16.15	5.71	4.85

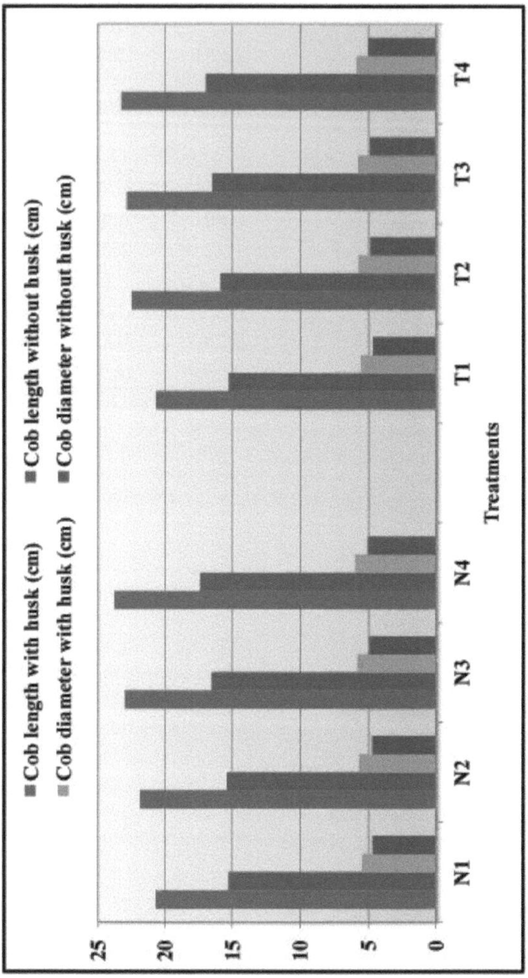

Fig. 4.7: Comprimento da espiga (cm) e diâmetro da espiga (cm) de milho doce influenciados por diferentes tratamentos

Nos tratamentos, a aplicação de nitrogênio a % basal + ^ na altura do joelho + % de desfolhamento (T4) foi encontrada com peso significativamente mais alto de espiga com e sem casca por planta (227,11 e 196,08 g, respetivamente) e foi igual aos tratamentos 1/3 basal + 1/3 altura do joelho + 1/3 desfolhamento (T3) e ^ basal + % altura do joelho + % desfolhamento (T2). Por outro lado, o peso mais baixo de espiga com e sem casca por planta (196,92 g e 150,75 g, respetivamente) foi encontrado com a aplicação de azoto a ^ basal + ^ na altura do joelho (T1).

4.2.4.3 Efeito de interação

Todos os efeitos de interação entre os níveis de azoto e o tempo de aplicação de azoto foram considerados não significativos no que diz respeito ao peso da maçaroca com e sem casca por planta de con doce.

4.2.5 Número de grãos por fileira de espiga

Os dados relativos ao número de grãos por fila de espiga afectados por vários níveis de azoto, tempo de aplicação de azoto e o seu efeito de interação foram apresentados no quadro 4.9 e também representados graficamente na Fig. 4.9. **4.2.5.1 Efeito dos níveis de azoto**

Os dados fornecidos indicaram que o número de grãos por fileira de espiga foi influenciado significativamente pelos níveis de azoto. Entre os níveis de azoto testados, 180 kg N ha^{-1} (N4) revelaram um número significativamente mais elevado de grãos por linha de espiga (34,02) e foi igual ao nível de azoto 150 kg N ha^{-1} (N_3). Por outro lado, o número mais baixo de grãos por fileira de espiga (27,19) foi encontrado no nível de azoto de 90 kg N $ha^{(-1)}$ (N_1).

4.2.5.2 Efeito da época de aplicação do azoto

Um exame dos dados revelou que o número de grãos por linha de espiga de milho doce foi afetado significativamente devido a diferentes tempos de aplicação. Verificou-se um número significativamente mais elevado de grãos por fila de espiga (32,46) na aplicação de azoto a % basal + ^ na altura do joelho + % de desponta (T_4) e foi igual aos tratamentos $^1/_3$ basal + $^1/_3$ altura do joelho + $^1/_{(3)}$ $_{desponta}$ (T3) e ^ basal + % altura do joelho + % desponta (T_2). Considerando que, os números mais baixos de grãos por fileira de espiga (28,78) foram encontrados com a aplicação de nitrogênio em ^ basal + ^ na altura do joelho (T1).

Tabela 4.8: Peso da espiga (g) por planta de milho doce influenciado por diferentes tratamentos

Tratamentos	Peso da planta^{-1} (g)	
	Com casca	**Sem casca**
(A) Níveis de azoto		
N1 : 90	172.42	137.42
N2: 120	194.08	173.08
N3: 150	238.27	199.00
N4: 180	252.17	210.17
S.Em.±	7.22	5.62
C.D. a 5%	20.86	16.23
(B) Momento da aplicação do azoto		
T1 : Ц Basal + Ц à altura do joelho	196.92	150.75
T_2 : Ц Basal + % altura do joelho + % de borbulha	212.92	183.58
T3 : 1/3 Basal + 1/3 altura do joelho + 1/3 borbulha	220.00	189.25
T_4 : % Basal + Ц à altura do joelho + % borbulha	227.11	196.08
S.Em.±	7.22	5.62
C.D. a 5%	20.86	16.23
Interações		
N X T	NS	NS
C.V. %	11.68	10.82
Média geral	214.24	179.92

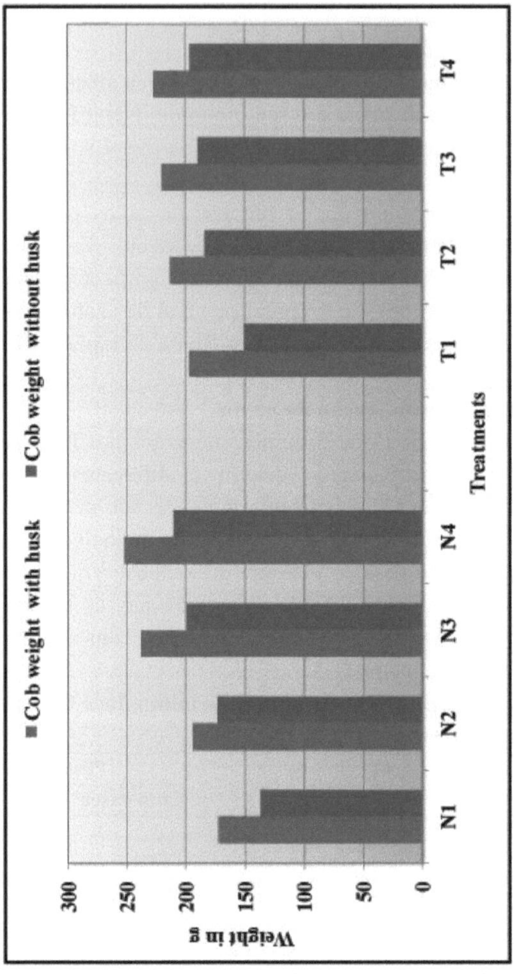

Fig. 4.8: Peso da espiga (g) por planta de milho doce influenciado por diferentes tratamentos

4.2.5.3 Efeito de interação

Os efeitos de interação dos níveis de azoto e da época de aplicação do azoto não foram evidentes no que diz respeito ao número de grãos por linha de espiga de milho doce.

4.2.6 Número de fileiras de grãos por espiga

Os dados relativos ao número de fileiras de grãos por espiga, afectados por vários níveis de azoto, tempo de aplicação de azoto e respetivo efeito de interação, são apresentados no quadro 4.9 e também representados graficamente na fig. 4.9 **4.2.6.1 Efeito dos níveis de azoto**

No caso dos níveis de azoto (N), o seu efeito foi significativo no número de linhas de grãos por espiga. O número significativamente mais alto de fileiras de grãos por espiga (14,14) foi registado com 180 kg N ha^{-1} (N4) e foi igual ao nível de azoto 150 kg N ha^{-1}. Enquanto que o menor número de fileiras de grãos por espiga (13,26) foi encontrado no nível de nitrogênio 90 kg N ha^{-1} (N1).

4.2.6.2 Efeito da época de aplicação do azoto

Verificou-se uma diferença significativa no número de filas de grãos por espiga de milho doce devido ao tempo de aplicação de azoto. Foram encontrados números significativamente mais altos de fileiras de grãos por espiga (14,38) com a aplicação de nitrogênio em % basal + ^ na altura do joelho + % de desfolhamento (T_4) e foi igual aos tratamentos $1/_3$ basal + 1/3 na altura do joelho + 1/3 de desfolhamento e ^ basal + % na altura do joelho + % de desfolhamento (T_2). Por outro lado, o número mais baixo de fileiras de grãos por espiga (12,32) foi encontrado com a aplicação de nitrogénio a ^ basal + ^ na altura do joelho (T 1).

4.2.6.3 Efeito de interação

O efeito de interação no número de fileiras de grãos por espiga de doce foi considerado não significativo.

4.2.7 Número de grãos por espiga

Os dados relativos ao número de grãos por espiga afectados por vários níveis de azoto, tempo de aplicação de azoto e o seu efeito de interação foram apresentados no quadro 4.9 e também representados graficamente na fig. 4.9.

4.2.7.1 Efeito dos níveis de azoto

Os dados fornecidos indicaram que o número de grãos por espiga foi de

Quadro 4.9: Número de grãos por fileira, grãos por fileira de espiga, número de grãos por espiga e peso do grão (g) por espiga de milho doce influenciados por diferentes tratamentos

Tratamentos	Espiga em linha de cereais^{-1} (n.º)	N.º de linhas de grãos^{-1}	Grãos em espiga^{-1} (n.º)	Peso fresco do grão em espiga^{-1} (g)
(A) Níveis de azoto				
N1 : 90	13.26	27.19	335.57	154.28
N2: 120	13.50	28.16	355.97	163.60
N3: 150	13.78	32.77	423.25	182.36
N4: 180	14.14	34.02	454.03	189.95
S.Em.±	0.21	0.80	12.12	3.76
C.D. a 5%	0.62	2.30	35.00	10.87
(B) Momento da aplicação do azoto				
T1 : y2 Basal + Ц na altura do joelho	12.32	28.78	340.22	155.69
T_2 : У2 Basal + % altura do joelho + % de borbulha	13.92	30.34	399.98	173.19
T3 : 1/3 Basal + 1/3 altura do joelho + 1/3	14.05	30.56	418.84	177.74

borbulha				
T_4 : % Basal + Ц à altura do joelho + % borbulha	14.38	32.46	409.77	183.56
S.Em.±	0.21	0.80	12.12	3.76
C.D. a 5%	0.62	2.30	35.00	10.87
Interações				
N X T	NS	NS	NS	NS
C.V. %	5.41	9.04	10.70	7.55
Média geral	13.67	30.53	392.20	172.55

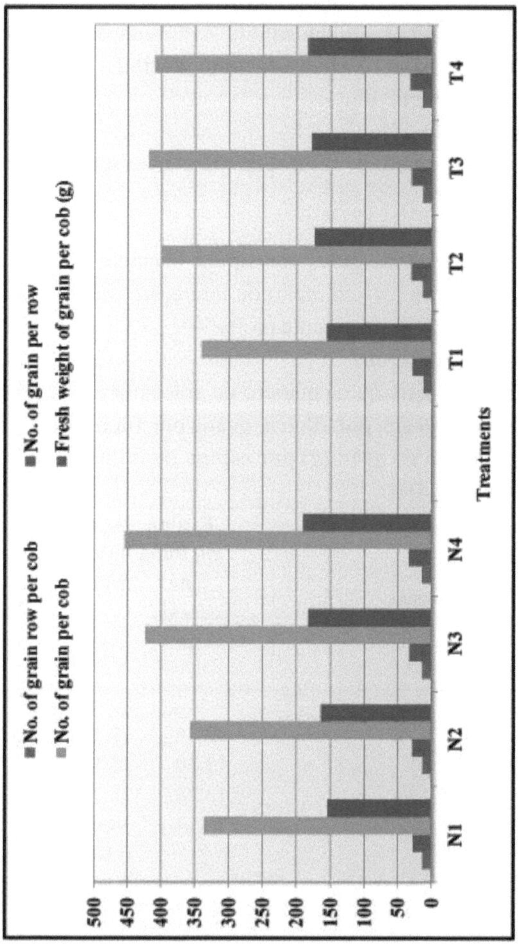

Fig. 4.9: Número de grãos por fileira, grãos por fileira de espiga, número de grãos por espiga e peso de grãos (g) por espiga de milho doce influenciados por diferentes tratamentos

influenciado significativamente pelos níveis de azoto. Entre os níveis de azoto testados, 180 kg N ha^{-1} (N_4) revelaram um número significativamente mais elevado de grãos por espiga (454,03) e estavam ao mesmo nível que o nível de azoto 150 kg N ha^{-1} (N_3). Enquanto que o menor número de grãos por espiga (335,57) foi encontrado no nível de azoto de 90 kg N ha^{-1} (N_1).

4.2.7.2 Efeito da época de aplicação do azoto

Um exame dos dados revelou que o número de grãos por espiga de milho doce foi afetado significativamente devido às diferentes épocas de aplicação de azoto. Foram encontrados números significativamente mais altos de grãos por espiga (409,77) na aplicação de nitrogênio em % basal + ^ na altura do joelho + % de desfolhamento (T_4) e foi igual aos tratamentos $^1/3$ basal + $^1/3$ altura do joelho + $^1/3$ desfolhamento (T_3) e ^ basal + % altura do joelho + % desfolhamento (T_2). Considerando que, o número mais baixo de grãos por espiga (340,22) foi encontrado com a aplicação de nitrogénio em ^ basal + ^ na altura do joelho (T_1).

4.2.7.3 Efeito de interação

Os efeitos de interação dos níveis de azoto e da época de aplicação do azoto não foram evidentes no que diz respeito ao número de grãos por espiga de milho doce.

4.2.8 Peso fresco do grão por espiga

A leitura dos dados apresentados no quadro 4.9 e representados graficamente na fig. 4.9 mostrou que o peso fresco do grão por espiga foi afetado por vários níveis de azoto e pelo tempo de aplicação de azoto.

4.2.8.1 Efeito dos níveis de azoto

Os dados indicam que o peso fresco do grão por espiga foi influenciado significativamente por vários níveis de azoto. O peso fresco do grão por espiga significativamente mais elevado (189,95 g) foi registado com o nível de azoto de 180 kg N ha^{-1} (N_4) e foi igual ao nível de azoto de 150 kg N ha^{-1}. Enquanto que o peso fresco mais baixo do grão por espiga (154,28 g) foi registado com 90 kg N ha^{-1} (N_1).

4.2.8.2 Efeito da época de aplicação do azoto

Os dados relativos ao peso fresco do grão por espiga de milho doce revelaram que o tempo de aplicação de azoto teve um efeito significativo na

Quadro 4.10: Rendimento em espiga verde, rendimento em forragem verde (q ha^{-1}) de milho doce influenciado por diferentes tratamentos

Tratamentos	Rendimento de espigas verdes (qha^{-1})	Rendimento de forragem verde (qha^{-1})	Produção total de biomassa verde (qha^{-1})	Índice de colheita (%)
(A) Níveis de azoto				
N1 : 90	94.68	241.55	336.23	28.08
N2: 120	105.36	256.98	362.34	28.93
N3: 150	123.00	289.82	412.82	29.74
N4: 180	132.94	307.29	440.23	30.02
S.Em.±	4.48	6.85	8.03	0.99
C.D. a 5%	12.94	19.79	23.20	NS

(B) Momento da aplicação do azoto				
T1 : У2 Basal + У2 à altura do joelho	91.07	249.09	340.15	26.80
T_2 : Ц Basal + % altura do joelho + % de borbulha	117.17	274.37	391.53	29.78
T3 : 1/3 Basal + 1/3 altura do joelho + 1/ /3 borla	120.75	279.05	399.80	30.06
T_4 : % Basal + Ц à altura do joelho + % borbulha	126.99	293.14	420.13	30.14
S.Em.±	4.48	6.85	8.03	0.99
C.D. a 5%	12.94	19.79	23.20	NS
Interações				
N X T	NS	NS	NS	NS
C.V. %	13.62	8.66	7.17	11.78
Média geral	113.99	273.91	387.90	29.19

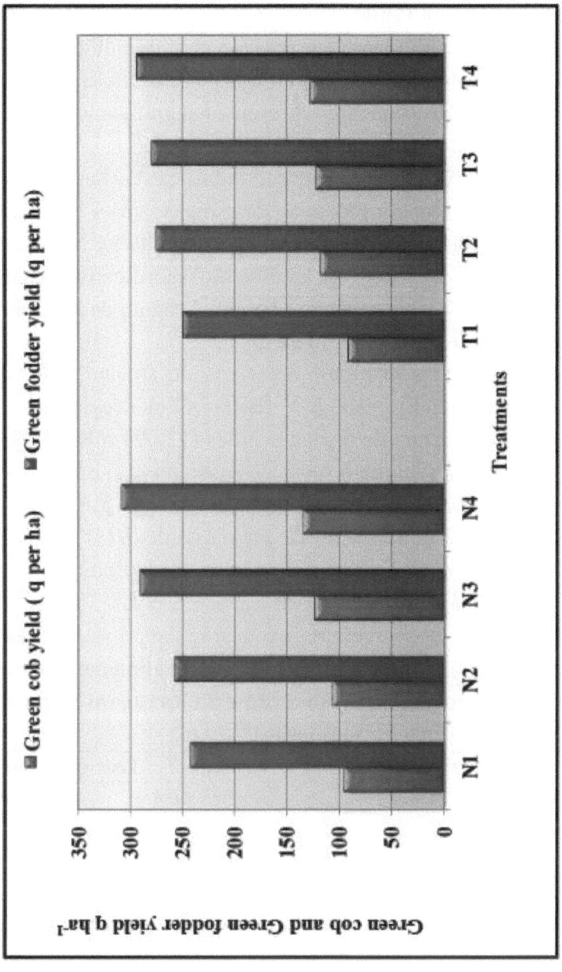

Fig. 4.10: Rendimento em espiga verde, rendimento em forragem verde (q ha'^{1}) de milho doce influenciado por diferentes tratamentos

ele. O peso fresco significativamente mais alto do grão por espiga (183,56 g) foi encontrado com a aplicação de nitrogênio em % basal + ^ na altura do joelho + % de desfolhamento (T_4) e foi igual aos tratamentos $^1/_3$ basal + $^1/_{(3)}$altura do joelho + $^1/_3$ desfolhamento (T_3) e ^ basal + % altura do joelho + % desfolhamento (T2). Considerando que, o peso fresco mais baixo de grãos por espiga (155,69 g) foi encontrado com a aplicação de nitrogênio em ^ basal + ^ na altura do joelho (T1).

4.2.8.3 Efeito de interação

O efeito de interação dos níveis de azoto e do tempo de aplicação de azoto foi considerado não significativo no que diz respeito ao peso fresco do grão por espiga de milho doce.

4.2.9 Rendimento em espiga verde

Os dados médios sobre o rendimento em espiga verde de milho doce influenciado por vários níveis de azoto, tempo de aplicação de azoto e o seu efeito de interação foram apresentados no quadro 4.10 e também representados graficamente na fig. 4.10.

4.2.9.1 Efeito dos níveis de azoto

Diferentes níveis de azoto tiveram um efeito significativo no rendimento de espigas verdes. Os dados revelaram que a produção de espigas verdes significativamente mais elevada (132,94 q ha^{-1}) foi registada no nível de azoto 180 kg N ha^{-1} (N4) e foi igual ao nível de azoto 150 kg N ha^{-1} (N3). O rendimento significativamente mais baixo de espigas verdes (94,68 q ha^{-1}) foi registado no nível de azoto de 90 kg N ha^{-1} (N_1).

4.2.9.2 Efeito da época de aplicação do azoto

Foi observada uma influência profunda do tempo de aplicação de azoto no que diz respeito ao rendimento de espigas verdes. Foi registada uma produção significativamente mais elevada de espigas verdes (126,99 q ha^{-1}) com a aplicação de azoto a % basal + ^ na altura do joelho + % de desponta (T_4) e foi igual a $^{1}/_{3}$ basal + $^{1}/_{3}$ altura do joelho + $^{1}/_{(3)}$ desponta (T3) e ^ basal + % altura do joelho + % desponta (T2) . Considerando que, o menor rendimento de espiga verde (91,07 q ha^{-1}) foi encontrado com aplicação de nitrogênio em ^ basal + ^ na altura do joelho (T1).

4.2.9.3 Efeito de interação

O efeito de interação entre os níveis de azoto e o tempo de aplicação de azoto foi considerado não significativo no que diz respeito ao rendimento em espiga verde de

Quadro 4.11: Teor de proteínas (%) do grão e da forragem de milho doce como influenciado por diferentes tratamentos

Tratamentos	Teor de proteínas (%)	
	Grãos	**Forragem**
(A) Níveis de azoto		
N1 : 90	8.65	2.87
N2: 120	8.83	3.05
N3: 150	9.56	3.65
N4: 180	10.51	3.88
S.Em.±	0.38	0.08
C.D. a 5%	1.10	0.24
(B) Momento da aplicação do azoto		
T1 : Ц Basal + y2 à altura do joelho	8.43	3.10
T_2 : Ц Basal + % altura do joelho + % de borbulha	9.43	3.31
T_3 : 1/3 Basal + 1/3 altura do joelho + 1/3 borbulha	9.80	3.50
T4 : % Basal + У2 à altura do joelho + % de borbulha	9.89	3.54
S.Em.±	0.38	0.08
C.D. a 5%	1.10	0.24
Interações		
N X T	NS	NS
C.V. %	14.07	8.43

Média geral	9.39	3.36

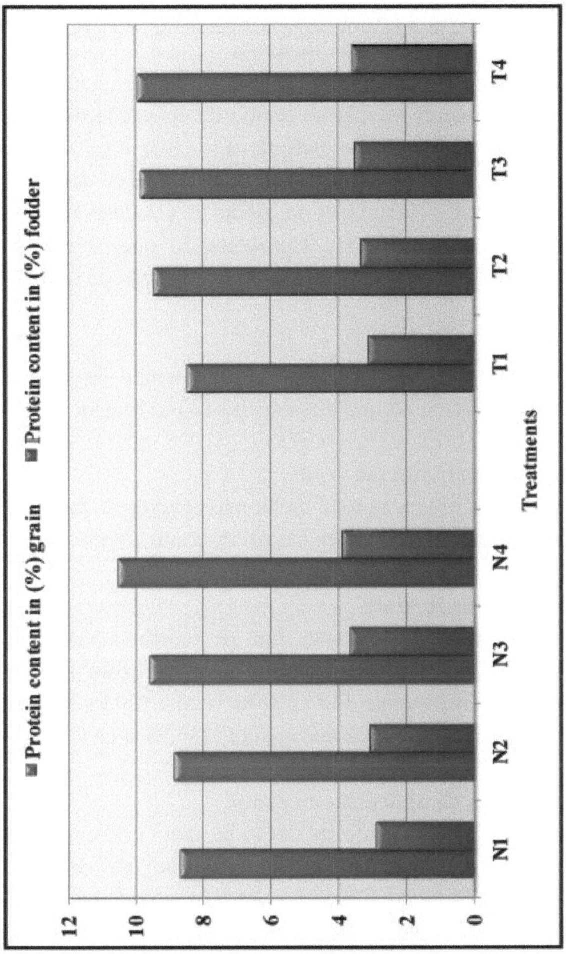

Fig. 4.11: Teor de proteína (%) do grão e da forragem de milho doce influenciado por diferentes tratamentos

milho doce.

4.2.10 Rendimento de forragem verde

Os dados médios sobre o rendimento de forragem verde do milho doce influenciado por vários níveis de azoto, tempo de aplicação de azoto e o seu efeito de interação foram apresentados no quadro 4.10 e também representados graficamente na fig. 4.10.

4.2.10.1 Efeito dos níveis de azoto

Os resultados revelaram que o efeito dos níveis de azoto foi significativo no rendimento de forragem verde. O rendimento de forragem verde (307,29 q ha^{-1}) do milho doce foi significativamente mais elevado com o nível de azoto de 180 kg N ha^{-1} (N_4) e foi igual ao nível de azoto de 150 kg N ha^{-1} (N_3). O rendimento mais baixo de forragem verde (241,55 q ha^{-1}) foi registado com o nível de azoto de 90 kg N ha^{-1} (N_1).

4.2.10.2 Efeito da época de aplicação do azoto

Uma avaliação dos dados revelou que o rendimento de forragem verde do milho doce foi afetado significativamente devido ao tempo de aplicação de azoto. O rendimento de forragem verde significativamente mais elevado (293,14 q ha^{-1}) foi registado com a aplicação de azoto a % basal + ^ na altura do joelho + % de desponta (T_4) e foi igual aos tratamentos 1/3 basal + 1/3 altura do joelho + 1/3 desponta (T_3) e ^ basal + % altura do joelho + % desponta (T_2). Considerando que, o menor rendimento de forragem verde (91,07 q ha^{-1}) foi encontrado com aplicação de nitrogênio em ^ basal + ^ na altura do joelho (T_1).

4.2.10.3 Efeito de interação

O efeito de interação entre os níveis de azoto e o tempo de aplicação de azoto foi considerado não significativo no que diz respeito ao rendimento de forragem verde do milho doce

4.2.11 Produção total de biomassa verde

Os dados médios sobre a produção total de biomassa verde do milho doce influenciada pelos níveis de azoto, pelo tempo de aplicação de azoto e pelo seu efeito de interação são apresentados no quadro 4.10.

4.2.11.1 Efeito dos níveis de azoto

Os dados apresentaram que a produção total de biomassa verde significativamente mais elevada (440,23 q ha^{-1}) foi registada no nível de azoto 180 kg N ha^{-1} (N_4) em comparação com os níveis de azoto 150 kg N ha^{-1} (N_3) e 120 kg N ha^{-1} (N_2). A produção de biomassa total significativamente mais baixa (336,23 q ha^{-1}) foi registada no nível de azoto de 90 kg N ha^{-1} (N_1).

4.2.11.2 Efeito da época de aplicação do azoto

Verificou-se que os vários tempos de aplicação de azoto diferem significativamente na produção de biomassa verde total. A produção de biomassa verde total significativamente mais elevada (420,13 q ha^{-1}) foi registada com a aplicação de azoto a % basal + ^ à altura do joelho + % (T_4) e foi igual ao tratamento 1/3 basal + $^1/_3$ à altura do joelho + $^1/_3$ ao despontar (T_3). Enquanto que a menor produção de biomassa verde total (340,15q ha^{-1}) foi encontrada com a aplicação de nitrogénio a ^ basal + ^ na altura do joelho (T_1).

4.2.11.3 Efeito de interação

O efeito de interação entre os níveis de azoto e o tempo de aplicação de azoto foi considerado não significativo no que diz respeito à produção total de biomassa verde do milho doce.

4.2.12 Índice de colheita

Os dados mostraram que o índice de colheita do milho doce não foi afetado pelo efeito individual dos níveis de azoto, pelo tempo de aplicação de azoto e pelos seus efeitos interactivos (Quadro 4.10).

4.2.12.1 Efeito dos níveis de azoto

Os dados revelaram que a diferença no índice de colheita na colheita foi considerada não significativa devido aos vários níveis de azoto.

4.2.12.2 Efeito da época de aplicação do azoto

A análise dos dados indicou que a diferença no índice de colheita na colheita foi considerada não significativa devido ao tempo de aplicação do azoto.

4.2.12.3 Efeito de interação

O efeito de interação entre os níveis de azoto e a época de aplicação do azoto foi considerado não significativo no que diz respeito ao índice de colheita do milho doce.

4.3 Estudos de qualidade

Os parâmetros de qualidade, *nomeadamente o* teor de proteínas no grão e na forragem e o teor de açúcares totais no grão, são apresentados nos quadros 4.11 e 4.12.

4.3.1 Teor de proteínas no grão

O teor de proteínas no grão foi analisado estatisticamente e os resultados são apresentados no quadro 4.11. Os dados mostraram que o teor de proteína no grão foi afetado pelo efeito individual de vários níveis de azoto, tempo de aplicação de azoto e os seus efeitos interactivos fig. 4.11.

4.3.1.1 Efeito dos níveis de azoto

Os dados mostram que o teor de proteínas no grão (10,51 %) foi significativamente mais elevado no nível de azoto de 180 kg N ha^{-1} (N_4) e foi igual ao nível de azoto de 150 kg N ha^{-1} (N_3). O teor significativamente mais baixo de proteínas no grão (8,65 %) foi registado no nível de azoto de 90 kg N $ha^{(-1)}$ (N_1).

4.3.1.2 Efeito da época de aplicação do azoto

Verificou-se que as várias práticas de aplicação de azoto diferem significativamente no teor de proteínas no grão. Foi registado um teor significativamente mais elevado de proteínas no grão (9,89 %) com a aplicação de azoto a % basal + ^ à altura do joelho + % de desponta (T_4) e foi igual aos tratamentos $^1/_3$ basal + $^1/_3$ à altura do joelho + 1/3 de desponta (T_3) e ^ basal + % à altura do joelho + % de desponta (T_2). Enquanto que o menor teor de proteína no grão (8,43%) foi encontrado com a aplicação de nitrogênio em ^ basal + ^ na altura do joelho (T_1).

4.3.1.3 Efeito de interação

O efeito de interação entre os níveis de azoto e o tempo de aplicação de azoto não foi significativo no que diz respeito ao teor de proteínas no grão de milho doce.

4.3.2 Teor de proteínas das forragens

O teor de proteínas na forragem foi analisado estatisticamente e os resultados são apresentados no quadro 4.11. Os dados mostraram que o teor de proteínas na forragem foi afetado pelo efeito individual de vários níveis de azoto, pelo tempo de aplicação de azoto e pelos seus efeitos interactivos fig. 4.11.

4.3.2.1 Efeito dos níveis de azoto

Os dados mostram que o teor de proteínas é significativamente mais elevado em

Quadro 4.12: Teor de açúcar total (%) no grão de milho doce influenciado por diferentes tratamentos

Tratamentos	Teor de açúcar total (%)
(A) Níveis de azoto	
N1 : 90	10.78
N2: 120	11.78
N3: 150	14.41
N4: 180	14.96
S.Em.±	0.23
C.D. a 5%	0.65
(B) Momento da aplicação do azoto	
T1 : Ц Basal + Ц à altura do joelho	11.95
T_2 : Ц Basal + % altura do joelho + % de borbulha	13.10
T_3 : 1/3 Basal + 1/3 altura do joelho + 1/3 borbulha	13.25
T_4 : % Basal + Ц à altura do joelho + % borbulha	13.63
S.Em.±	0.23
C.D. a 5%	0.65
Interações	
N X T	NS
C.V. %	6.03
Média geral	12.97

O teor mais baixo de proteínas na forragem (3,88 %) foi registado com o nível de azoto de 180 kg N ha^{-1} (N_4) e foi igual ao nível de azoto de 150 kg N ha^{-1} (N3). O teor significativamente mais baixo de proteínas na forragem (2,87 %) foi registado com 90 kg N ha^{-1} (N_1).

4.3.2.2 Efeito da época de aplicação do azoto

Verificou-se que as várias práticas de aplicação de azoto diferem significativamente no teor de proteínas da forragem. Foi registado um teor de proteínas significativamente mais elevado na forragem (3,54 %) com a aplicação de azoto a % basal + ^ à altura do joelho + % de desponta (T_4) e foi igual aos tratamentos $1/_3$ basal + $1/_3$ altura do joelho + $1/_{(3)\ desponta}$ (T_3) e ^ basal + % altura do joelho + % desponta (T_2). Enquanto que o menor teor de proteína na forragem (3,10 %) foi encontrado com a aplicação de nitrogênio em ^ basal + ^ na altura do joelho (T1).

4.3.2.3 Efeito de interação

O efeito de interação entre os níveis de azoto e o tempo de aplicação de azoto não foi significativo no que diz respeito ao teor de proteínas na forragem de milho doce.

4.3.3 Teor de açúcar total no grão

Os dados relativos ao teor de açúcares totais no grão afectados por vários níveis de azoto, tempo de aplicação de azoto e o seu efeito de interação são apresentados no quadro 4.12.

4.3.3.1 Efeito dos níveis de azoto

A diferença de tratamento devido aos vários níveis de azoto foi considerada significativa. Valores significativamente mais elevados de teor de açúcar total (14,96 %) foram registados no nível de azoto de 180 kg N ha^{-1} (N_4) e foi igual ao nível de azoto de 150 kg N ha^{-1} (N_3). Enquanto que o menor teor de açúcar total (10,78 %) foi registado com 90 kg N ha^{-1} (N_1).

4.3.3.2 Efeito da época de aplicação do azoto

Os dados revelaram que o tempo de aplicação de azoto teve um efeito significativo no que diz respeito ao teor de açúcar total no grão. Foram registados valores significativamente mais elevados de teor de açúcar total (10,76 %) com a aplicação de azoto a % basal + ^ na altura do joelho + % de desponta (T_4) e foi igual aos tratamentos $1/_3$ basal + $1/_3$ altura do joelho + $1/_{(3)\ desponta}$ (T_3) e ^ basal + % altura do joelho + %

Quadro 4.13: Teor de N, P e K (%) no grão de milho doce influenciado por diferentes tratamentos

Tratamentos	N (%)	P (%)	K (%)
(A) Níveis de azoto			
N_1 : 90	1.384	0.240	0.307
N_2: 120	1.413	0.244	0.327
N_3: 150	1.529	0.250	0.334
N_4: 180	1.681	0.254	0.341
S.Em.±	0.061	0.008	0.009
C.D. a 5%	0.176	NS	NS
(B) Momento da aplicação do azoto			
T_1 : Ц Basal + Ц à altura do joelho	1.348	0.239	0.309
T_2 : Ц Basal + % altura do joelho + % de borbulha	1.509	0.247	0.327
T_3 : 1/3 Basal + 1/3 altura do joelho + 1/3 borbulha	1.568	0.248	0.331
T_4 : % Basal + Ц à altura do joelho + % borbulha	1.582	0.254	0.342
S.Em.±	0.061	0.008	0.009
C.D. a 5%	0.176	NS	NS
Interações			
N X T	NS	NS	NS
C.V. %	14.07	10.67	9.76
Média geral	1.50	0.25	0.33

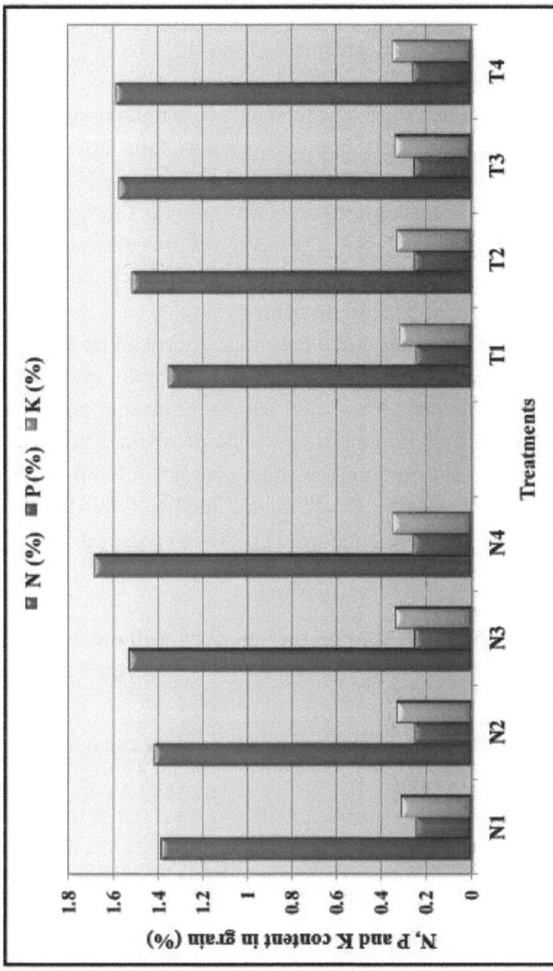

Fig. 4.12: Teor de N, P e K (%) no grão de milho doce influenciado por diferentes tratamentos

(T_2). Por outro lado, o menor teor de açúcar total (11,95 %) foi registado com a aplicação de azoto a ^ basal + ^ na altura do joelho (T_1).

4.3.3.3 Efeito de interação

O efeito combinado entre os níveis de azoto e o tempo de aplicação de azoto não atingiu o nível de significância para o teor de açúcar total no grão.

4.4 Estudos de nutrientes

Os dados sobre o teor e a absorção de N, P e K dos cereais e forragens e a absorção total de N, P e K pelos cereais e forragens são apresentados nos quadros 4.13 a 4.17.

4.4.1 Teor de N, P e K no grão

Os dados relativos ao teor de N, P e K no grão, afectados por vários níveis de azoto, tempo de aplicação de azoto e o seu efeito de interação foram apresentados no quadro 4.13 e também representados graficamente na fig. 4.12.

4.4.1.1 Efeito dos níveis de azoto

A análise dos dados indicou que a diferença no conteúdo de P e K no grão foi considerada não significativa, mas que foi registada uma diferença significativa no conteúdo de N no grão devido aos níveis de azoto. O teor de N no grão (1,681 %) foi significativamente mais elevado com o nível de azoto de 180 kg N ha^{-1} (N_4) e igual ao nível de azoto de 150 kg N ha^{-1} (N_3). O teor significativamente mais baixo de N no sabugo (1,384 %) foi registado com 90 kg N ha^{-1} (N_1).

4.4.1.2 Efeito da época de aplicação do azoto

Uma avaliação dos dados revelou que o tempo de aplicação de azoto atingiu um nível significativo no que diz respeito ao conteúdo de N no grão, mas não significativo no que diz respeito ao conteúdo de P e K. Foi registado um teor significativamente mais elevado de N no grão (1,582 %) com a aplicação de azoto a % basal + ^ à altura do joelho + % de desponta (T_4) e foi igual aos tratamentos 1/3 basal + 1/3 altura do joelho + 1/3 desponta (T_3) e ^ basal + % altura do joelho + % desponta (T_2). O teor significativamente mais baixo de N no grão (1,348 %) registou-se com a aplicação de azoto a ^ basal + ^ na altura do joelho (T_1).

4.4.1.3 Efeito de interação

Quadro 4.14: Teor de N, P e K (%) na forragem de milho doce, influenciado por diferentes tratamentos

Tratamentos	N (%)	P (%)	K (%)
(A) Níveis de azoto			
N1 : 90	0.459	0.185	0.497
N2: 120	0.487	0.189	0.506
N3: 150	0.585	0.192	0.526
N4: 180	0.621	0.196	0.537
S.Em.±	0.013	0.004	0.014
C.D. a 5%	0.038	NS	NS
(B) Momento da aplicação do azoto			
T_1 : У2 Basal + Ц na altura do joelho	0.497	0.185	0.486
T_2 : У2 Basal + % altura do joelho + % de borbulha	0.530	0.190	0.517
T_3 : 1/3 Basal + 1/3 altura do joelho + 1/3 borbulha	0.559	0.192	0.522
T_4 : % Basal + Ц à altura do joelho + % borbulha	0.566	0.195	0.541
S.Em.±	0.013	0.004	0.014
C.D. a 5%	0.038	NS	NS
Interações			
N X T	NS	NS	NS
C.V. %	8.43	7.84	9.21
Média geral	0.54	0.19	0.52

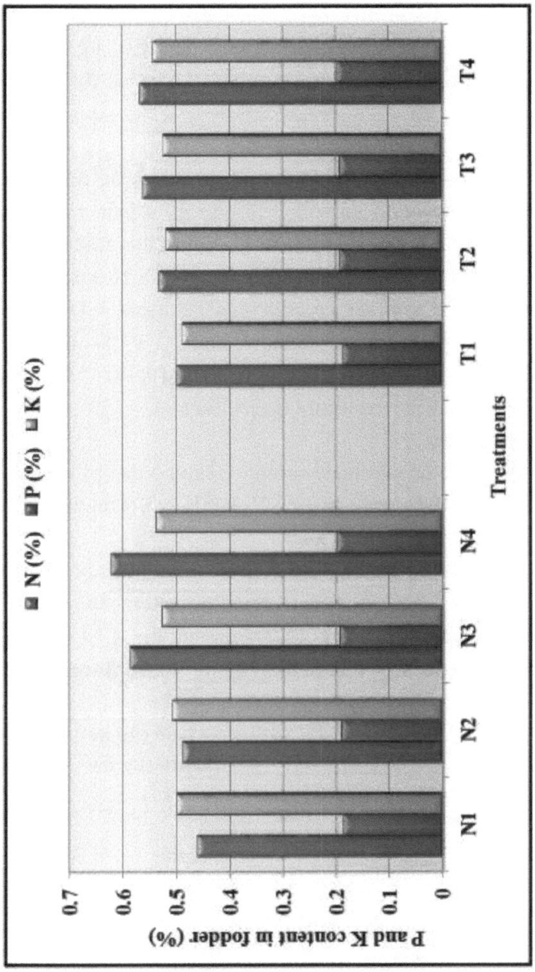

Fig. 4.13: Teor de N, P e K (%) na forragem de milho doce, influenciado por diferentes tratamentos

Os efeitos de interação dos níveis de azoto e da época de aplicação do azoto não foram evidentes no que diz respeito ao teor de N, P e K no grão de milho doce.

4.4.2 Teor de N, P e K nas forragens

Os dados relativos ao teor de N, P e K na forragem afectados por vários níveis de azoto, tempo de aplicação de azoto e o seu efeito de interação foram apresentados no quadro 4.14 e também representados graficamente na fig. 4.13.

4.4.2.1 Efeito dos níveis de azoto

A análise dos dados indicou que a diferença no teor de P e K na forragem foi considerada não significativa, mas que foi registada uma diferença significativa no teor de N na forragem devido aos níveis de azoto. Os dados indicam que o teor de N na forragem (0,621 %) foi significativamente mais elevado no nível de azoto de 180 kg N ha^{-1} (N_4) e igual ao nível de azoto de 150 kg N ha^{-1} (N_3). O teor significativamente mais baixo de N na forragem (0,459 %) foi registado com 90 kg N ha^{-1} (N_1).

4.4.2.2 Efeito da época de aplicação do azoto

Uma avaliação dos dados revelou que o tempo de aplicação de azoto atingiu um nível significativo no que diz respeito ao teor de N na forragem, mas não significativo no que diz respeito ao teor de P e K. O teor de N significativamente mais elevado (0,566 %) na forragem foi registado com a aplicação de azoto a % basal + ^ à altura do joelho + % de desponta (T_4) e foi igual aos tratamentos 1/3 basal + 1/3 altura do joelho + 1/3 desponta (T_3) e ^ basal + % altura do joelho + % desponta (T_2). O teor significativamente mais baixo de N na forragem (0,497 %) foi registado com a aplicação de azoto a ^ basal + ^ na altura do joelho (T_1).

4.4.2.3 Efeito de interação

O efeito de interação entre os níveis de azoto e o tempo de aplicação de azoto não indicou diferenças significativas no teor de N, P e K na forragem de milho doce.

4.4.3 Absorção de N, P e K pelo grão

Os dados sobre a absorção de N, P e K pelo grão, afectados por vários níveis de azoto e tempo de aplicação de azoto e o seu efeito de interação, foram apresentados no quadro 4.15 e também representados graficamente na fig. 4.14.

Quadro 4.15: Absorção de N, P e K pelo grão de milho doce sob a influência de diferentes tratamentos

Tratamentos	Absorção de azoto (kg ha^{-1})	Absorção de P (kg ha^{-1})	Consumo de K (kg ha^{-1})
(A) Níveis de azoto			
N1 : 90	47.50	9.21	30.81
N2: 120	50.34	10.28	35.27
N3: 150	56.85	12.68	42.34
N4: 180	61.49	13.74	45.66
S.Em.±	2.29	0.42	1.62
C.D. a 5%	6.62	1.20	4.67
(B) Momento da aplicação do azoto			
T1 : Ц Basal + Ц à altura do joelho	48.57	9.97	35.14
T_2 : Ц Basal + % altura do joelho + % de borbulha	53.26	11.67	37.10
T3 : 1/3 Basal + 1/3 altura do joelho + 1/3 borbulha	56.36	11.79	40.19
T4 : % Basal + Ц à altura do joelho + % de borbulha	57.99	12.48	41.66
S.Em.±	2.29	0.42	1.62
C.D. a 5%	6.62	1.20	4.67
Interações			
N X T	NS	NS	NS
C.V. %	14.69	12.54	14.55

Média geral	54.05	11.48	38.52

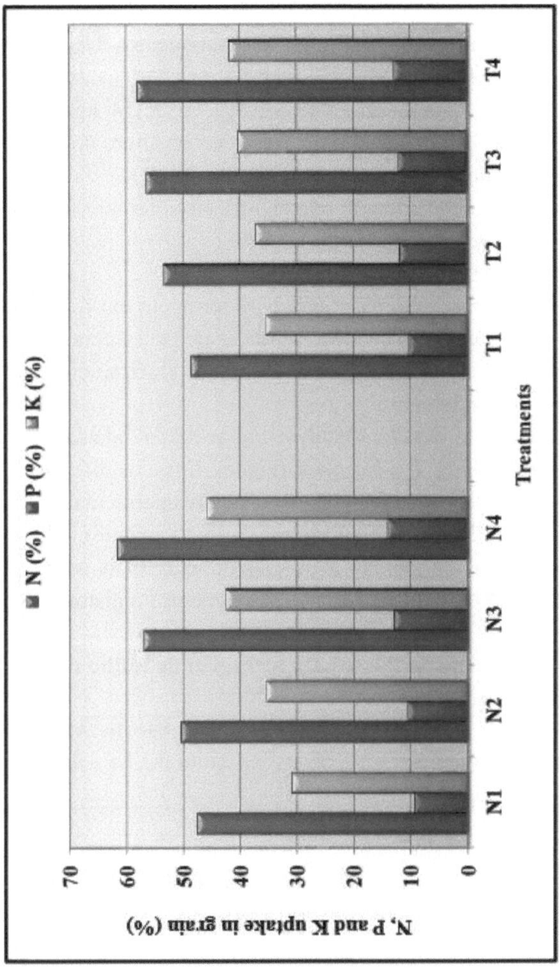

Fig. 4.14: Absorção de N, P e K pelo grão de milho doce influenciada por diferentes tratamentos

4.4.3.1 Efeito do azoto

Os dados indicam que a absorção de N, P e K pelo grão (61,49, 13,74 e 45,66 kg ha^{-1}, respetivamente) foi significativamente mais elevada no nível de azoto de 180 kg N ha^{-1} (N_4) e foi igual ao nível de azoto de 150 kg N ha^{-1} (N_3). A absorção significativamente mais baixa de N, P e K pelo grão (47,50, 9,21 e 30,81 kg ha^{-1}, respetivamente) foi registada com 90 kg N ha^{-1} (N_1).

4.4.3.2 Efeito da época de aplicação do azoto

Os resultados indicaram que a absorção de N, P e K pelo grão foi significativamente influenciada por diferentes tratamentos de tempo de aplicação de azoto. Registou-se uma absorção significativamente mais elevada de N, P e K pelo grão (57,99, 12,48 e 41,66 kg ha^{-1}, respetivamente) com aplicação de azoto a % basal + ^ à altura do joelho + % de desponta (T_4) no grão e foi igual aos tratamentos 1/3 basal + 1/3 altura do joelho + 1/3 desponta (T3) e ^ basal + % altura do joelho + % desponta (T2). A absorção mais baixa de N, P e K pelo grão (48,57, 9,97 e 35,14 kg ha^{-1}, respetivamente) registou-se com a aplicação de azoto em ^ Basal + ^ na altura do joelho (T1).

4.4.3.3 Efeito de interação

O efeito de interação foi considerado não significativo no que diz respeito à absorção dos teores de N, P e K pelos grãos de milho doce.

4.4.4 Absorção de N, P e K pelas forragens

Os dados relativos à absorção de N, P e K pela forragem em função dos vários níveis de azoto, do tempo de aplicação de azoto e do seu efeito de interação foram apresentados no quadro 4.16 e também representados graficamente na fig. 4.15.

4.4.4.1 Efeito dos níveis de azoto

A diferença de tratamento devido aos níveis de azoto foi considerada significativa na influência da absorção de N, P e K pela forragem. Entre os diferentes níveis de azoto, 180 kg N ha^{-1} (N4) registou uma absorção significativamente mais elevada de N, P e K pela forragem (92,51, 22,19 e 124,19 kg ha^{-1}, respetivamente) e foi igual a 150 kg N ha^{-1} (N3). Por outro lado, a absorção significativamente mais baixa de N, P e K pela forragem (51,88, 17,66 e 80,84 kg ha^{-1}, respetivamente) registou-se com 90 kg N ha^{-1} (N1).

Quadro 4.16: Absorção de N, P e K pela forragem de milho doce sob a influência de diferentes tratamentos

Tratamentos	Absorção de azoto (kg ha^{-1})	Absorção de P (kg ha^{-1})	Consumo de K (kg ha^{-1})
(A) Níveis de azoto			
N1 : 90	51.88	17.66	80.84
N2: 120	62.98	18.72	98.48
N3: 150	87.15	21.13	118.16
N4: 180	92.51	22.19	124.19
S.Em.±	2.78	0.81	3.76
C.D. a 5%	8.03	2.35	10.86
(B) Momento da aplicação do azoto			
T1 : y2 Basal + Ц na altura do joelho	58.46	17.74	82.68
T_2 : У2 Basal + % altura do joelho + % de borbulha	75.38	19.86	109.29
T3 : 1/3 Basal + 1/3 altura do joelho + 1/3 borbulha	77.81	20.53	112.50
T4 : % Basal + Ц à altura do joelho + % de borbulha	82.86	21.58	117.21
S.Em.±	2.78	0.81	3.76

C.D. a 5%	8.03	2.35	10.86
Interações			
N X T	NS	NS	NS
C.V. %	13.09	14.16	12.36
Média geral	73.63	19.93	105.42

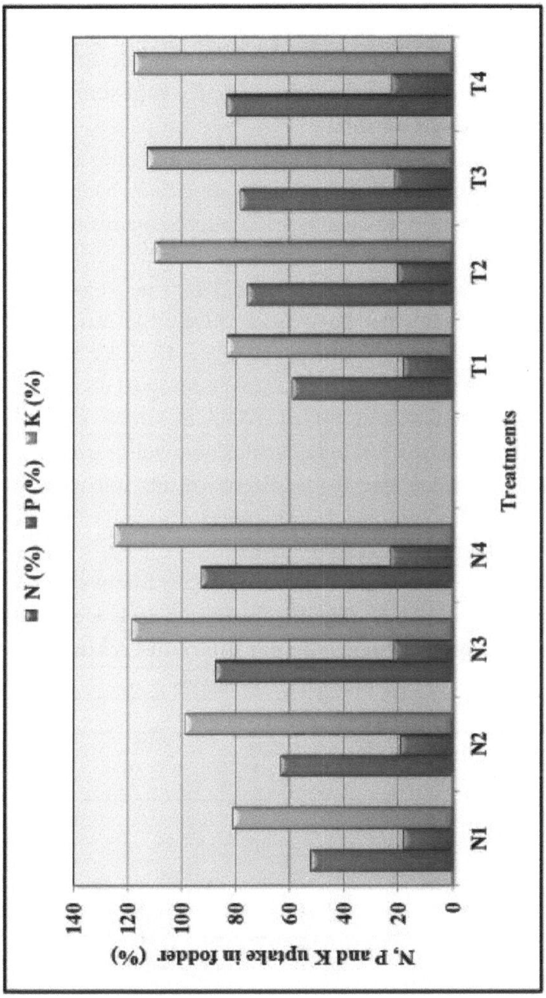

Fig. 4.15: Absorção de N, P e K pela forragem de milho doce, influenciada por diferentes tratamentos

4.4.4.2 Efeito da época de aplicação do azoto

Uma avaliação dos dados revelou que o tempo de aplicação de azoto atingiu o nível de significância no que diz respeito à absorção de N, P e K pela forragem. Registou-se uma absorção significativamente mais elevada de N, P e K pela forragem (82,86,

21,58 e 117,21 kg ha-1, respetivamente) com a aplicação de azoto a % basal + ^ na altura do joelho + % de rebentação (T_4) e foi igual aos tratamentos 1/3 basal + 1/3 altura do joelho + 1/3 rebentação (T3) e ^ basal + % altura do joelho + % rebentação (T2). A absorção significativamente mais baixa de N, P e K pela forragem (58,46, 17,74 e 82,68 kg ha^{-1}) foi registada com a aplicação de azoto em ^ basal + ^ na altura do joelho (T1)

4.4.4.3 Efeito de interação

O efeito de interação entre os níveis de azoto e o tempo de aplicação de azoto não foi significativo no que diz respeito à absorção de N, P e K pela forragem de milho doce.

4.4.5 Nutrientes disponíveis no solo

Os dados relativos ao N disponível, P2O5 e K2O no solo após a colheita, afectados por vários níveis de azoto e tempo de aplicação de azoto, bem como o seu efeito de interação, foram apresentados no quadro 4.17 e representados na fig. 4.16.

4.4.5.1 Efeito dos níveis de azoto

Os dados mostraram que o N disponível e o P2O5 no solo após a colheita foram influenciados significativamente por vários níveis de azoto. O máximo de N disponível e P_2O_5 no solo após a colheita (197,25 e 47,53 kg ha^{-1}, respetivamente) foi registado no nível de azoto de 180 kg N ha^{-1} (N4) e foi igual ao nível de azoto de 150 kg N ha^{-1} (N_3). O N disponível e o P_2O_5 (155,65 e 336,99 kg ha^{-1}, respetivamente) significativamente mais baixos foram registados no nível de azoto de 90 kg N ha^{-1} (N1). A análise dos dados indicou que o K2O disponível no solo após a colheita não foi significativo sob diferentes manejos de nutrientes.

4.4.5.2 Efeito da época de aplicação do azoto

Os resultados indicaram que o N e o P2O5 disponíveis foram significativamente

Quadro 4.17: Teor de N, P e K disponíveis no solo após a colheita de milho doce milho doce influenciado por diferentes tratamentos

Nutrientes disponíveis			
Tratamentos	**N**	**P2O5**	**K2O**
(A) Níveis de azoto			
N1 : 90	155.65	39.48	336.99
N2: 120	163.46	41.60	343.50
N3: 150	186.90	44.13	351.69
N4: 180	197.25	47.53	361.03
S.Em.±	6.51	1.41	13.33
C.D. a 5%	18.81	4.07	NS
(B) Momento da aplicação do azoto			
T1 : Ц Basal + Ц à altura do joelho	156.37	39.49	339.34
T_2 : Ц Basal + % altura do joelho + % de borbulha	174.60	43.31	345.03
T_3 : 1/3 Basal + 1/3 altura do joelho + 1/3 borbulha	182.34	44.10	351.33
T4 : % Basal + Ц à altura do joelho + % de borbulha	189.95	45.84	357.51

S.Em.±	6.51	1.41	13.33
C.D. a 5%	18.81	4.07	NS
Interações			
N X T	NS	NS	NS
C.V. %	12.83	11.29	13.26
Média geral	175.81	43.18	348.30

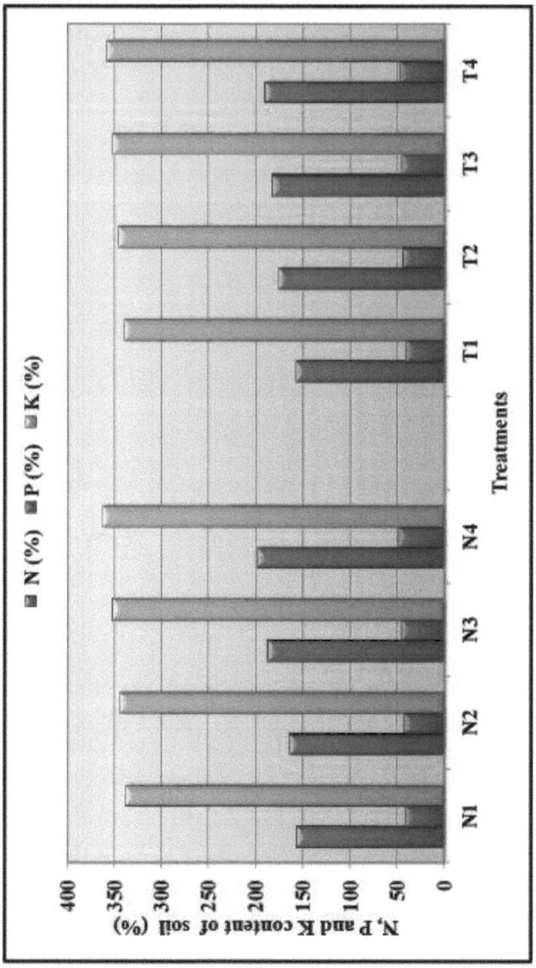

Fig. 4.16: Teor de N, P e K disponíveis no solo após a colheita de milho doce, influenciado por diferentes tratamentos

influenciado por diferentes tratamentos de tempo de aplicação de azoto. N e P disponíveis significativamente mais elevados (189,95 e 45,84 kg ha^{-1}, respetivamente) no solo após a colheita foram registados com a aplicação de azoto a % basal + ^ à altura do joelho + % de desponta (T_4) e foi igual aos tratamentos 1/3 basal + 1/3 altura do joelho + 1/3 desponta (T3) e ^ basal + % altura do joelho + % desponta (T2). O N disponível significativamente mais baixo e o P_2O_5 no solo após a colheita (156,37 e 39,49 kg ha-1, respetivamente) registaram-se com uma aplicação de azoto a ^ basal + ^ na altura do joelho (T1). Os dados revelaram que o K2O disponível no solo após a colheita, devido às diferentes épocas de aplicação de azoto, não foi significativo.

4.4.5.3 Efeito de interação

O efeito de interação entre os níveis de azoto e o tempo de aplicação de azoto não foi significativo no que diz respeito ao N disponível, P_2O_5 e K_2O no solo após a colheita do milho doce.

4.5 Economia

Os dados relativos à economia do milho doce sob diferentes combinações de tratamento de níveis de azoto e tempo de aplicação de azoto são apresentados no apêndice I e os preços de mercado prevalecentes do produto e dos factores de produção são fornecidos no apêndice II.

A economia indicando a realização bruta, o custo total do cultivo e a relação custo-benefício sob diferentes níveis de nitrogênio e tempo de aplicação de nitrogênio são apresentados na tabela 4.18 e representados no gráfico. 4.17.

4.5.1 Efeito dos níveis de azoto

Os dados mostraram que o retorno líquido máximo (256019 Rs.ha^{-1}) com relação B:C de 4.59 foi acumulado com nível de nitrogênio 180 kg N ha^{-1} (N_4), que foi seguido por 150 kg N ha^{-1} (N_3) com retorno líquido de (233051 Rs.ha^{-1}) e relação B:C 4.29. O retorno líquido mais baixo (167583 Rs.ha^{-1}) com uma relação B:C de 3,39 foi registado com o espaçamento de 90 kg N ha^{-1} (N_1).

4.5.2 Efeito da época de aplicação do azoto

Os dados apresentaram que a aplicação de nitrogênio em % basal + ^ na altura do joelho + % de desfolhamento (T_4) obteve o retorno líquido máximo (240519 Rs. ha^{-1}) com a relação B:C de 4,34, que foi seguida pela aplicação de nitrogênio em $^1/3$ basal + $^1/3$ altura do joelho + $^1/3$ desfolhamento (T_3) com retorno líquido de (225234 Rs. ha^{-1}) e relação B:C 4,12. Enquanto que o retorno líquido mais baixo (160941 Rs. ha^{-1}) com a relação B:C de 3,27 foi obtido com a aplicação de azoto a ^ basal + ^ na altura do joelho (T 1).

4.5.3 Efeito de interação

O rendimento líquido máximo (295060 Rs. ha^{-1}) foi registado com um nível de azoto de 180 kg N ha^{-1} (N_4) com aplicação de azoto em % basal + ^ à altura do joelho + % de desponta (T_4) com uma relação B:C de 4,96.

Experimental! Sie^uHtô

Quadro 4.18: Influência dos diferentes tratamentos na economia do milho doce

Tratamento	Rendimento de espigas verdes (q ha^1)	Forragem verde Rendimento (q ha^1)	Rendimento bruto (Rs.ha^1)	Total Custo fixo (Rs.ha^1)	Custo variável total (Rs.ha^1)	Custo de cultivo (Rs.ha^1)	Rendimentos líquidos (Rs.ha^1)	Rácio B:C
(A) Níveis de azoto								
Ni : 90	94.68	241.55	237680	68881	1216	70097	167583	3.39
N_2 : 120	105.36	256.98	262117	68881	1622	70503	191614	3.72
N_3 : 150	123.00	289.82	303960	68881	2028	70909	233051	4.29
N_4 : 180	132.94	307.29	327333	68881	2433	71314	256019	4.59

(B) Momento da aplicação de azoto								
Ti : Vi Basal + Vi à altura do joelho	91.07	249.09	231958	68881	2136	71017	160941	3.27
T_2 : Vi Basal + % altura do joelho + % de borbulha	117.17	274.37	289209	68881	3204	72085	217124	4.01
T_3 : $^1/_3$ Basal + $^*/_3$ altura do joelho + $^*/_3$ borbulha	120.75	279.05	297319	68881	3204	72085	225234	4.12
T_4 : % basal + Vi à altura do joelho + % de borbulha	126.99	293.14	312604	68881	3204	72085	240519	4.34

Preço de venda: Espiga verde - 20 Rs. kg^{-1}, Forragem verde - 2 Rs. kg^{-1}.

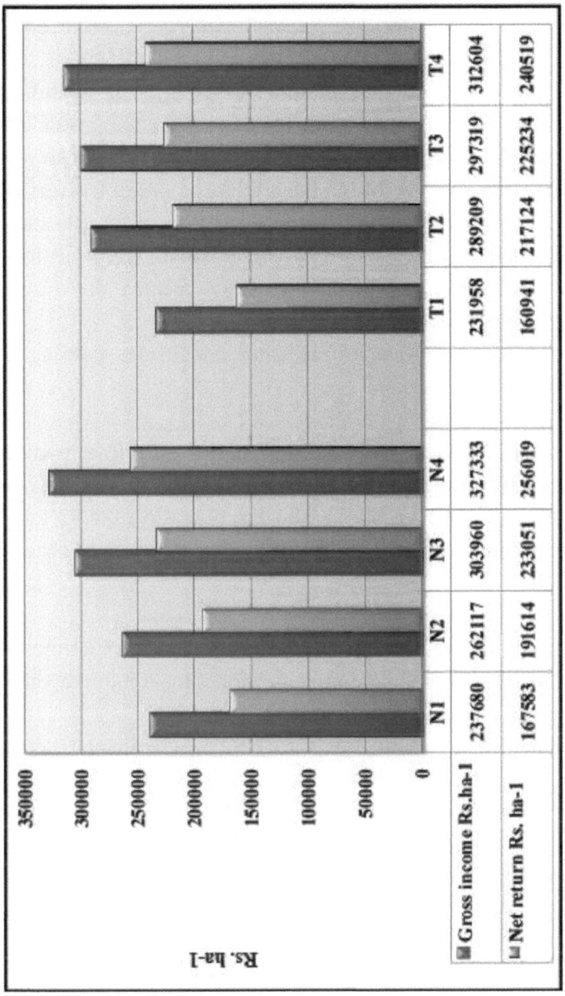

Fig. 4.17: Influência dos diferentes tratamentos na economia do milho doce.

CAPÍTULO - V

DISCUSSÃO

No decurso da apresentação dos resultados da experiência intitulada "Resposta do milho doce (*Zea mays* L. *saccharata*) a diferentes taxas e tempos de aplicação de azoto nas condições do Sul de Gujarat", realizada durante a estação *rabi* de 2018 no Departamento de Agronomia. N. M. College of Agriculture, Universidade Agrícola de Navsari, Navsari. Os resultados obtidos através desta investigação são discutidos neste capítulo com referência aos efeitos de vários factores no crescimento, nos atributos de rendimento, no rendimento, na qualidade, nos aspectos dos nutrientes e na sua economia na cultura do milho doce.

Foi feita uma tentativa de apoiar as presentes conclusões com as razões prováveis disponíveis e a literatura relevante.

5.1 Solo

As propriedades físico-químicas do solo (Quadro 3.2) revelaram que o solo das parcelas experimentais era de textura argilosa; é baixo em azoto disponível (209,6 kg ha^{-1}), alto em fósforo (40,62 kg $ha^{-1)}$ e alto em potássio (384,32 kg $ha^{-1)}$. O solo foi encontrado ligeiramente alcalino (pH 7,9) com condutividade eléctrica normal (0,37 ds $m^{-1)}$.

5.2 Clima e tempo

Os dados meteorológicos registados durante os períodos experimentais (Tabela 3.1) indicaram que a média semanal da temperatura máxima e mínima varia entre 26,6^0 C e 37,3^0 C e 10^{0}C e 19,9^0 C, respetivamente.

A humidade relativa média variou entre 63,1 e 92,3 % de manhã e entre 22,4 e 68,3 % ao fim da tarde.

As horas de sol brilhante estavam disponíveis na faixa de 2,5 a 9,8 horas por dia $^{-1}$ durante o período de colheita. Não houve precipitação durante o período de cultivo.

A evaporação média diária da panela variou entre 2,1 e 5,9 mm em 201718, respetivamente. As condições climatéricas da cultura foram favoráveis ao crescimento e desenvolvimento da cultura.

5.3 Crescimento geral

O crescimento da cultura pode ser compreendido se vários processos fisiológicos envolvidos forem estudados criticamente em diferentes fases de crescimento durante o curso da experimentação (Quadro 5.1)

Quadro 5.1: Influência da estação no desempenho de caracteres importantes do milho doce

N.º Sr.	Personagens	Valores médios máximos
1.	Altura da planta (cm)	197.25
2.	N.º de folhas da planta^{-1}	14.76
3.	Diâmetro do caule (cm)	1.86
4.	Dias para 50% de desfolhamento	53.32
5.	Número de espigas plantadas^{-1}	1.32

6.	Comprimento da espiga com casca (cm)	22.33	
7.	Comprimento da espiga sem casca (cm)	16.15	
8.	Diâmetro da espiga com casca (cm)		5.71
9.	Diâmetro da espiga sem casca (cm)		4.85
10.	Peso da maçaroca com casca (g)	214.24	
11.	Peso da espiga sem casca (g)	179.92	
12.	Número de filas de grãos da espiga^{-1}	30.53	
13.	Número de grãos em espiga^{-1}	392.20	
14.	Peso fresco do grão em espiga^{-1} (g)	172.55	
15.	Rendimento de espigas verdes (kg ha^{-1})	113.99	
16.	Rendimento de forragem verde (kg ha^{-1})	273.91	

Quadro 5.2: Extrato dos caracteres de crescimento do milho doce registados em diferentes fases de crescimento

Dias após a sementeira	**Altura da planta (cm)**	**N.º de folhas da planta^{-1}**	**Diâmetro do caule (cm)**
30	38.40	5.66	1.02
60	106.70	10.33	1.34
Na colheita	197.25	14.76	1.86

ЯЯлсимит

Quadro 5.3: Um extrato de informação relevante que dá o efeito de vários tratamentos no crescimento, rendimento e qualidade do milho doce

N.º Sr.	Particularidades	Tratamentos							
		Nt	N_2	N_3	N_4	Ti	T_2	T_3	T_4
1.	**Altura da planta (cm)**	183.17	193.43	204.41	207.99	180.19	199.23	201.06	208.52
2.	**N.º de folhas planta"^{1}**	13.82	14.48	15.13	15.60	13.83	14.70	15.08	15.42
3.	**Diâmetro do caule (cm)**	1.76	1.83	1.92	1.94	1.75	1.88	1.89	1.93
4.	**Dias para 50% de desfolhamento**	51.41	52.74	53.91	55.24	55.49	53.07	52.74	51.99
5.	**Número de espigas plantadas"^{1}**	1.38	1.25	1.28	1.37	1.28	1.32	1.38	1.30
6.	**Comprimento da espiga com casca (cm)**	20.67	21.86	23.00	23.78	20.66	22.51	22.87	23.27
7.	**Comprimento da espiga sem casca (cm)**	15.27	15.42	16.53	17.38	15.28	15.88	16.50	16.95
8.	**diâmetro da espiga com casca (cm)**	5.41	5.66	5.79	5.98	5.54	5.70	5.75	5.85
9.	**diâmetro da espiga sem casca (cm)**	4.69	4.71	4.93	5.06	4.66	4.86	4.89	4.98
10.	**Peso da maçaroca com casca (g)**	172.42	194.08	238.27	252.17	196.92	212.92	220.00	227.11
11.	**Peso da espiga sem casca (g)**	137.42	173.08	199.00	210.17	150.75	183.58	189.25	196.08
12.	**Número de filas de grãos da espiga"^{1}**	13.26	13.50	13.78	14.14	12.32	13.92	14.05	14.38
13.	**Número de grãos em linha"^{1}**	27.19	28.16	32.77	34.02	28.78	30.34	30.56	32.46
14.	**Número de grãos em**	335.57	355.97	423.97	454.03	340.22	399.98	418.84	409.77

	espiga^{-1}								
15.	**Peso fresco do grão em espiga^{-1} (g)**	154.28	163.60	182.36	189.95	155.69	173.19	177.74	183.56
16.	**Teor de proteínas no grão (%)**	8.65	8.83	9.56	10.51	8.43	9.43	9.80	9.89
17.	**Teor de açúcar total (%)**	10.78	11.78	14.41	14.96	11.95	13.10	13.25	13.63
18.	**Rendimento de espigas verdes (kg ha^{-1})**	94.68	105.36	123.00	132.94	91.07	117.17	120.75	126.99
19.	**Rendimento de forragens verdes (kg ha^{-1})**	241.55	256.98	289.82	307.29	249.09	274.37	279.05	293.14

A primeira fase de crescimento começou desde a emergência até aos 30 dias, durante os quais o crescimento em termos de altura da planta, número de folhas funcionais e diâmetro do caule por planta foi de 38,40 cm, 5,66 e 1,02 cm, respetivamente. Todos os parâmetros de crescimento foram muito baixos durante a fase inicial até aos 30 dias. A fase de desfolhamento e silagem foi entre 31 e 60 DAS. Durante esta fase, a contribuição percentual dos diferentes caracteres de crescimento foi bastante elevada. No final desta fase, a altura da planta, o número de folhas funcionais e o diâmetro do caule eram (Quadro 5.2) 106,70 cm, 10,33 e 1,34 cm, respetivamente. A altura da planta, o número de folhas e o diâmetro do caule foram máximos na colheita.

O aumento de todos os caracteres de crescimento e rendimento do milho doce foi positivamente correlacionado com o rendimento. No presente estudo, os atributos de crescimento, nomeadamente a altura da planta, o número de folhas por planta e o diâmetro do caule, e os atributos de rendimento, *nomeadamente o* número de espigas por planta $^{-1}$, o comprimento da espiga, o diâmetro da espiga, o peso da espiga, o número de filas de grãos da espiga $^{-1}$, o número de filas de grãos $^{-1}$, o número de grãos da espiga $^{-1}$ e o peso fresco dos grãos da espiga por planta, desempenharam um papel muito importante no aumento do rendimento. O aumento destes atributos aumentou a produção de espiga verde e a produção de forragem verde por planta, pelo que se verificou uma forte associação destes caracteres, responsável por uma maior produção de espiga verde e de forragem verde.

5.4 Suporte de plantas

Os dados sobre a contagem de emergência e o stand final das plantas revelaram que o stand das plantas era ótimo e bastante uniforme. O efeito dos diferentes tratamentos e da sua interação na contagem de percentagem de emergência não foi significativo. Isto indica que a variação no crescimento, nos caracteres que contribuem para o rendimento e no rendimento se deveu aos efeitos dos tratamentos. O estande da planta não diferiu significativamente devido a diferentes níveis de nitrogênio e tempo de aplicação de nitrogênio no estágio inicial de crescimento (30 DAS) e na colheita de milho doce.

5.5 Efeito dos níveis de azoto

5.5.1 Carácter de crescimento

Os dados sobre vários índices de crescimento, como a altura da planta, o número de folhas por planta, o diâmetro do caule e os dias para 50 % de desfolhamento no milho doce foram significativamente influenciados por diferentes tratamentos de espaçamento.

As plantas significativamente mais altas (115,78 cm e 207,99 cm) foram observadas sob a taxa de azoto 180 kg N ha^{-1} (N_4), enquanto as plantas mais baixas (100,18 cm e 183,17 cm) foram registadas na taxa de azoto 90 kg N ha^{-1} (N_1) aos 60 DAS e na colheita, respetivamente. A altura máxima das plantas registada com níveis mais elevados de azoto pode dever-se a uma maior divisão e alongamento celular promovidos pelo azoto. O fornecimento adequado de azoto aumentou a quantidade de plasma celular e de clorofila, que é um fator de crescimento das culturas. Milthrope e Moorby (1979) observaram que, sob um fornecimento adequado de azoto, as células alongam-se extensivamente ao longo do eixo principal, levando a um maior crescimento dos entrenós e aumentando o comprimento do caule. O aumento da altura da planta em resposta a níveis mais elevados de azoto estava em conformidade com as conclusões de Kumar (2009), Bhatt (2012) e Singh *et al.* (2012).

Entre os níveis de azoto testados, a taxa de azoto de 180 kg N ha^{-1} (N_4) registou o maior número de folhas por planta (10,96 e 15,60) aos 60 DAS e na colheita , respetivamente. Considerando que, o número mínimo de folhas por planta (9,82 e 13,82) foi registado com 90 kg N ha^{-1} (N_1) aos 60 DAS e na colheita, respetivamente.

O diâmetro máximo do caule (1,40 cm e 1,94 cm) foi significativamente registado com a taxa de azoto de 180 kg ha^{-1} (N_4) durante 60 DAS e na colheita. Enquanto que o diâmetro do caule significativamente mais baixo (1,29 cm e 1,76 cm) foi registado com 90 kg N ha^{-1} (N_1) aos 60 DAS e na colheita, respetivamente.

A resposta de dias para 50 % de desfolhamento devido a diferentes níveis de nitrogênio foi significativa. Entre as diferentes taxas de nitrogênio, o dia para 50 % de desfolhamento foi observado tardiamente (55,24 dias) na taxa de nitrogênio 180 kg N ha^{-1} (N_4). As taxas de azoto de 150 (N_3), 120 (N_2) e 90 (N_1) kg ha^{-1} mostraram 53,91, 52,74 e 51,41 dias para 50 % de desfolhamento, respetivamente. Estes resultados estão em total concordância com as conclusões de Thakur *et al.* (2015).

5.5.2 Rendimento e atributos do rendimento

O número de espigas por planta, o comprimento da espiga por planta com e sem casca, o diâmetro da espiga por planta com e sem casca, o peso da espiga por planta, o número de grãos por fileira de espiga, o número de fileiras de grãos por espiga, o número de grãos por espiga, o peso fresco do grão por espiga, o rendimento da espiga verde, o rendimento da forragem verde, a produção total de biomassa verde e o índice de colheita do milho doce foram influenciados pelas taxas de azoto.

O número de espigas por planta registado na colheita devido aos diferentes níveis de azoto não foi significativo.

O maior comprimento de espiga com e sem casca (23,78 cm e 17,38 cm, respetivamente) foi obtido com 180 kg N ha^{-1} (N_4). Enquanto que o comprimento significativamente mais baixo de espiga com e sem casca (20,67 cm e 15,27 cm, respetivamente) foi encontrado em 90 kg N ha^{-1} (N_1). Este efeito de maior comprimento de espiga devido a 180 kg N ha $^{-1}$ pode ser atribuído ao seu efeito favorável no alargamento das células na produção de folhas maiores e na melhoria da eficiência fotossintética das plantas. Estes resultados estão em sintonia com os resultados registados por Kar *et al.* (2006), Bhatt (2012), Singh *et al.* (2012), Arvadiya *et al.* (2012) e Sunitha e Reddy (2012).

Os diâmetros de espiga significativamente mais elevados com e sem casca (5,98 cm e 5,06 cm, respetivamente) foram registados com o nível de azoto de 180 kg N ha^{-1} (N_4). Enquanto que o menor diâmetro de espiga com e sem casca (5,41 cm e 4,69 cm, respetivamente) foi encontrado com 90 kg N ha^{-1} (N_1).

O peso significativamente mais elevado de espiga por planta com e sem casca (252,17 g e 210,17 g, respetivamente) foi registado com 180 kg ha^{-1} (N_4). Considerando que, o menor peso de espiga por planta com e sem casca (172,42 g e 137,42 g, respetivamente) foram encontrados em 90 kg N ha^{-1} (N_1).

Entre os níveis de nitrogênio testados, 180 kg N ha^{-1} (N_4) apresentou o maior número de grãos por fileira de espiga (34,02). Considerando que, o menor número de grãos por fileira de espiga (27,19) foi encontrado no nível de nitrogênio 90 kg N ha^{-1} (N_1).

O número significativamente mais elevado de grãos por fila de espigas (34,02) foi registado com 180 kg N ha^{-1} (N_4). Considerando que, o menor número de grãos por fileira de espiga (27,19) foi encontrado no nível de nitrogênio 90 kg N ha^{-1} (N_1).

No caso dos níveis de azoto, o seu efeito foi significativo no número de grãos por espiga. O número significativamente mais elevado de grãos por espiga (454,03) foi registado com 180 kg N ha^{-1} (N_4). Enquanto que o menor número de grãos por espiga (335,57) foi encontrado no nível de azoto de 90 kg N ha^{-1} (N_1).

O peso fresco do grão por espiga foi influenciado significativamente por vários níveis de azoto. O peso fresco do grão por espiga significativamente mais elevado (189,95 g) foi registado com o nível de azoto de 180 kg N ha^{-1} (N_4). Enquanto que o peso fresco mais baixo do grão por espiga (154,28 g) foi registado com 90 kg N ha^{-1} (N_1). Os valores estatisticamente significativos registados para o peso fresco do grão com a aplicação de 180 kg N ha^{-1} deveram-se provavelmente à disponibilidade de nutrientes adequados e equilibrados no nível de azoto mais elevado, o que resultou em grãos mais pesados e mais arrojados em comparação com os dos níveis de azoto mais baixos. Resultados semelhantes foram também registados por Akbar *et al.* (2002), Sahoo e Mahapatra (2007), Kumar (2009), Narayanaswamy e Siddaraju (2011) e Bhatt (2012).

O rendimento significativamente mais elevado de espigas verdes (132,94 q ha^{-1}) foi registado no nível de azoto 180 kg N ha^{-1} (N_4). O rendimento significativamente mais baixo de espigas verdes (94,68 q ha^{-1}) foi registado no nível de azoto de 90 kg N ha^{-1} (N_1). A resposta positiva a um nível mais elevado de azoto no rendimento de espiga verde pode ser atribuída à melhoria geral do crescimento da cultura, que permitiu à planta absorver mais nutrientes, humidade, maior interceção da luz e maior área foliar, o que pode ter permitido à planta acumular mais quantidades de fotossintatos no sumidouro. Resultados semelhantes da resposta do milho doce a níveis mais elevados de azoto foram relatados por Kumar (2009), Akintoye e Kintomo (2011), Narayanaswamy e Siddaraju (2011), Bhatt (2012) e Singh *et al.* (2012).

O rendimento de forragem verde (307,29 q ha^{-1}) do milho doce foi significativamente mais elevado com o nível de azoto de 180 kg N ha^{-1} (N_4) em comparação com 150 (N_3), 120 (N_2) e 90 kg N ha^{-1} (N_1). O rendimento de forragem verde significativamente mais baixo (241,55 q ha^{-1}) foi registado no nível de azoto de 90 kg $ha^{(-1})$ (N_1). Estes resultados estão em total concordância com as conclusões de Akbar *et al.* (2002) , Kar *et al.* (2006), Kumar (2009), Bhatt (2012) e Singh *et al.* (2012).

A produção total de biomassa verde significativamente mais elevada (440,23 q ha^{-1}) foi registada no nível de azoto 180 kg N ha^{-1} (N_4). A produção total de biomassa verde significativamente mais baixa (336,23 q ha^{-1}) foi registada no nível de azoto de 90 kg N $ha^{(-1})$ (N_1).

A diferença no índice de colheita na colheita não foi considerada significativa devido aos vários níveis de azoto.

5.5.3 Estudos de qualidade

O teor de proteínas no grão e na forragem é significativamente devido aos vários níveis de azoto do milho doce. O valor significativamente mais elevado do teor de proteínas no grão e na forragem (10,51 e 3,88 %, respetivamente) foi registado no nível de azoto de 180 kg N ha^{-1} (N_4). Enquanto que o valor mais baixo do teor de proteínas no grão e na forragem (8,65 e 2,87 %, respetivamente) foi registado no nível de azoto de 90 kg N $ha^{(-1})$ (N_1).

O valor numericamente mais elevado do teor de açúcar total no grão (14,96 %) foi registado no nível de azoto de 180 kg N ha^{-1} (N_4). Considerando que, valores mais baixos de teor de açúcar total no grão (10,78 %) foram registados em 90 kg N $ha^{(-1})$ (N_1). Resultados semelhantes foram também registados por Bhatt (2012).

5.5.4 Estudos de nutrientes

Os níveis de azoto exercem o seu efeito significativo no teor de N e na absorção de grãos e forragem, mas a diferença no teor de P e K em grãos e forragem foi considerada não significativa. Os dados mostram que o teor de N no grão é significativamente mais elevado (1,681 %) quando o nível de azoto é de 180 kg N ha^{-1} (N_4). O teor significativamente mais baixo de N no grão (1,384 %) foi registado no nível de azoto de 90 kg N $ha^{(-1})$ (N_1).

Os dados mostram que o teor de N significativamente mais elevado na forragem (0,621 %) foi registado no nível de azoto de 180 kg N ha^{-1} (N_4). O teor significativamente mais baixo de N na forragem (0,459 %) foi registado no nível de azoto de 90 kg N $ha^{(-1})$ (N_1).

A absorção significativamente mais elevada de N, P e K pelos grãos (61,49, 13,74 e 45,66 kg ha^{-1}, respetivamente) foi registada no nível de azoto de 180 kg N ha^{-1} (N_4). A absorção significativamente mais baixa de N, P e K pelos grãos (47,50, 9,21 e 30,81 kg ha^{-1}, respetivamente) foi registada com 90 kg N ha^{-1} (N_1). Entre os diferentes níveis de azoto, 180 kg N ha^{-1} (N_4) registou uma absorção significativamente mais elevada de N, P e K pela forragem (92,51, 22,19 e 124,19 kg ha^{-1}, respetivamente). Enquanto que a absorção significativamente mais baixa de N, P e K pela forragem (51,88, 17,66 e 80,84 kg ha^{-1}, respetivamente) foi registada com 90 kg N ha^{-1} (N_1). O aumento da absorção de azoto e de potássio pela cultura devido ao aumento dos níveis de azoto pode dever-se ao aumento da produção de espiga verde e de forragem verde e a maior absorção de P pode dever-se ao efeito sinérgico de N e P que conduz a uma maior produção e absorção de fósforo, tal como referido por Coldwell (1960). Estes resultados estão em consonância com as conclusões de Sahoo e Mahapatra (2007), Bhatt (2012).

O N e o P disponíveis no solo após a colheita foram influenciados significativamente por vários níveis de azoto. O máximo de N e P disponível no solo após a colheita (197,25 e 47,53 kg ha^{-1}, respetivamente) foi registado no nível de azoto de 180 kg N ha^{-1} (N_4). O N e o P disponíveis significativamente mais baixos (155,65 e 336,99 kg ha^{-1}, respetivamente) foram registados no nível de azoto de 90 kg N ha^{-1} (N1). A análise dos dados indicou que o K disponível no solo após a colheita não foi significativo sob diferentes manejos de nutrientes.

5.5.5 Economia

A economia indicando a realização bruta, o custo total do cultivo e a relação custo-benefício sob diferentes níveis de nitrogênio, foram influenciados pelo nitrogênio. O retorno líquido máximo (256019 $Rs.ha^{-1}$) com relação B:C de 4,59 foi acumulado com o nível de nitrogênio 180 kg N ha^{-1} (N_4), que foi seguido por 150 kg N ha^{-1} (N_3) com retorno líquido de (233051 $Rs.ha^{-1}$) e relação B:C 4,29. O retorno líquido mais baixo (167583 Rs. ha^{-1}) com rácio B:C de 3.39 foi registado com 90 kg N ha^{-1} (N_1). Isto foi atribuído a um aumento notável na realização bruta com um custo comparativamente mais baixo neste tratamento, resultando numa maior realização líquida e rácio B:C. Estes resultados estão em conformidade com os relatados por Sunitha e Reddy (2012) e Bhatt (2012).

5.6 Efeito da época de aplicação do azoto

5.6.1 Caracteres de crescimento

As alturas das plantas, o número de folhas por planta, o diâmetro do caule e os dias para 50 % de desfolhamento foram influenciados pelas práticas de gestão dos nutrientes.

A aplicação de nitrogênio em % basal + ^ na altura do joelho + % desfolhamento (T4) registrou a altura de planta significativamente mais alta (112,08 e 208,52 cm) aos 60 DAS e na colheita, respetivamente. A menor altura de planta (98,95 e 180,19 cm) foi observada com a aplicação de nitrogênio em ^ basal + ^ na altura do joelho (T1) aos 60 DAS e na colheita, respetivamente.

Significativamente, o número máximo de folhas por planta (10,98 e 15,40) foi registado com % basal + ^ na altura do joelho + % de desfolhamento (T_4) aos 60 DAS e na colheita, respetivamente. Considerando que, o número mínimo de folhas por planta (9,46 e 13,84) foi registado com ^ basal + ^ na altura do joelho (T1) aos 60 DAS e na colheita, respetivamente.

A aplicação de nitrogénio a % basal + ^ na altura do joelho + % de desponta (T4) registou significativamente o diâmetro máximo do caule (1,38 e 1,93 cm) aos 60 DAS e na colheita, respetivamente. Enquanto que o diâmetro mínimo do caule (1,29 e 1,75 cm) foi registado com a aplicação de azoto a ^ basal + ^ na altura do joelho (T 1) aos 60 DAS e na colheita, respetivamente.

Foi registado um dia mínimo de 50 % de rebentação (51,99 dias) com a aplicação de azoto a % basal + ^ na altura do joelho + % rebentação (T_4). Considerando que, a aplicação de nitrogénio a 1/3 basal + 1/3 altura do joelho + $1/_3$ desfolhamento (T_3), ^ basal + % altura do joelho + % desfolhamento (T_2) e ^ basal + ^ na altura do joelho (Ti) requer 52,74, 53,07 e 55,49 dias para 50 % de desfolhamento, respetivamente.

5.6.2 Rendimento e atributos do rendimento

Os dados sobre o número de espigas por planta, o comprimento da espiga por planta com e sem casca, o diâmetro da espiga por planta com e sem casca, o peso da espiga por planta com e sem casca, o número de fileiras de grãos por espiga, o número de grãos por fileira de espiga, o número de grãos por espiga, o peso fresco do grão por espiga, o rendimento da espiga verde, o rendimento da forragem verde, a produção total de biomassa verde e o índice de colheita foram influenciados pelo tempo de aplicação de azoto. O número de espigas por planta na colheita não foi significativo sob diferentes manejos de nutrientes.

A aplicação de azoto a % basal + ^ na altura do joelho + % de desponta (T_4) registou significativamente o comprimento máximo de espiga com e sem casca (23,27 cm e 16,95 cm, respetivamente). Por outro lado, o comprimento mínimo das espigas com e sem casca (20,66 cm e 15,28 cm, respetivamente) foi observado com a aplicação de azoto a ^ basal + ^ na altura do joelho (T1).

O maior diâmetro de espiga com e sem casca (5,85 cm e 4,98 cm, respetivamente) foi encontrado com a aplicação de nitrogênio em % basal + ^ na altura do joelho + % de desponte (T4). Por outro lado, o menor diâmetro de espiga com e sem casca (5,54 cm e 4,66 cm, respetivamente) foi encontrado com a aplicação de nitrogênio a ^ basal + ^ na altura do joelho (T_1).

Entre os tratamentos com tempo de aplicação de azoto, a aplicação de azoto a % basal + ^ à altura do joelho + % de desponta (T_4) revelou um peso de espiga significativamente mais elevado com e sem casca por planta (227,11 e 196,08 g, respetivamente). Considerando que, o menor peso de espiga com e sem casca por planta (196,92 g e 150,75 g, respetivamente) foi encontrado com a aplicação de nitrogênio em ^ basal + ^ na altura do joelho (T1).

Os números mais altos de grãos por fileira de espiga (32,46) foram encontrados significativamente mais altos aplicação de nitrogênio em % basal + ^ na altura do joelho + % de desfolhamento (T4). Enquanto que o menor número de grãos por fileira de espiga (28,78) foi encontrado com a aplicação de nitrogênio a ^ basal + ^ na altura do joelho (T1). O aumento dos valores dos atributos de rendimento pode ser atribuído à disponibilidade de 112

quantidade suficiente de azoto, durante o período de floração (de 15 dias antes da silagem a 15 dias após a silagem), que é o período mais crítico na determinação do tamanho do reservatório, tal como referido por Hawkins e Cooper (1981).

Foram encontrados números significativamente mais altos de grãos por espiga (14,38) com a aplicação de nitrogênio em % basal + ^ na altura do joelho + % de desfolhamento (T_4). Enquanto que o menor número de grãos por espiga (12,32) foi encontrado com a aplicação de nitrogénio a ^ basal + ^ na altura do joelho (T1).

Foram encontrados números significativamente mais elevados de grãos por espiga (409,77) com a aplicação de nitrogénio a % basal + ^ na altura do joelho + % de desponta (T_4). Enquanto que o menor número de grãos por espiga (340,22) foi encontrado com a aplicação de nitrogénio a ^ basal + ^ na altura do joelho (T1).

O peso fresco significativamente mais alto de grãos por espiga (183,56 g) foi encontrado com a aplicação de nitrogênio em % basal + ^ na altura do joelho + % de desfolhamento (T4). Considerando que, o menor peso fresco de grãos por espiga (155,69 g) foi encontrado com a aplicação de nitrogênio em ^ basal + ^ na altura do joelho (T1).

A melhoria dos atributos de crescimento e de rendimento com a aplicação de azoto permite a disponibilidade atempada de azoto para a sua utilização pelas plantas, a avaliar pelo teor de azoto dos grãos e das forragens. O azoto é considerado um nutriente de importância vital para as plantas. É parte integrante da clorofila, que é o principal absorvedor da energia luminosa necessária para a fotossíntese. Para além disso, é também um constituinte de certos compostos orgânicos de importância fisiológica. Além disso, a fertilização com fósforo também melhora os processos metabólicos e fisiológicos e, portanto, é conhecida como "moeda de energia" que é subsequentemente usada para o crescimento vegetativo e reprodutivo através da fosforilação. Os resultados actuais estão em estreita confirmação com os de Raja (2001) e Kar *et al.* (2006) sobre o milho doce.

A melhoria significativa no crescimento geral resultou numa maior atividade fotossintética que acabou por dar um maior rendimento. A produção significativamente mais elevada de espiga verde e de forragem (126,99 q ha^{-1} e 293,14 q ha^{-1}, respetivamente) foi registada com a aplicação de azoto em % basal + ^ à altura do joelho + % de borbulha (T_4). Considerando que, o menor rendimento de espiga verde (91,07 ha^{-1}e 249,09 q ha^{-1}, respetivamente.) foi encontrado com a aplicação de nitrogênio em ^ basal + ^ na altura do joelho (T_1). Isto pode ser devido ao facto de a aplicação de azoto adequado na fase de borla ter melhorado a estatura dos atributos de rendimento e a translocação de fotossintatos para o sumidouro, o que resultou numa maior produção de espiga verde e o fornecimento contínuo de azoto sincronizado com as suas necessidades em diferentes fases de crescimento da cultura, contribuiu para uma maior produção de forragem verde. Estes resultados estão em conformidade com as conclusões de Hari Krishna *et al.* (2005) e Sunitha e Reddy (2012).

A produção total de biomassa verde significativamente mais elevada (420,13 q ha^{-1}) foi registada com a aplicação de azoto a % basal + ^ na altura do joelho + % (T_4). Considerando que, a menor produção de biomassa verde total (340,15q ha^{-1}) foi encontrada com a aplicação de nitrogênio a ^ basal + ^ na altura do joelho (T1). O nível mais elevado de acumulação de biomassa e a translocação eficiente para as partes reprodutivas devido ao fornecimento de azoto adequado e à aplicação atempada de azoto podem ser responsáveis pela produção de um nível elevado de estrutura de rendimento.

A diferença no índice de colheita na colheita foi considerada não significativa devido às diferentes épocas de aplicação de azoto. A espiga verde e o rendimento forrageiro foram significativamente influenciados pelas diferentes épocas de aplicação de azoto, aumentando assim o índice de colheita.

5.6.3 Estudos de qualidade

Os parâmetros de qualidade, nomeadamente o teor de proteínas no grão e na forragem e o teor de açúcares totais no grão, diferiram significativamente em função das várias épocas de aplicação de azoto no milho doce. Foram registados teores significativamente mais elevados de açúcar total e de proteínas no grão e na forragem (13,63, 9,89 e 3,54 %, respetivamente) com a aplicação de azoto em % basal + ^ à altura do joelho + % de desponta (T_4). Enquanto que o teor mais baixo de açúcar total e de proteínas no grão e na forragem (11,95, 8,43 e 3,10 %, respetivamente) foi encontrado com a aplicação de azoto a ^ basal + ^ na altura do joelho (T1).

5.6.4 Estudos de nutrientes

O tempo de aplicação de azoto exerce o seu efeito significativo no teor de N e na absorção do grão e da forragem, mas a diferença no teor de P e K no grão e na forragem foi considerada não significativa. Os dados mostram que o teor de N no grão e na forragem é significativamente mais elevado (1,582 e 0,566 %, respetivamente) quando o azoto é aplicado na % basal + ^ na altura do joelho + % no despontar (T_4). O teor significativamente mais baixo de N no grão e na forragem (1,348 e 0,497 %, respetivamente) foi registado com a aplicação de azoto a ^ Basal + ^ na altura do joelho (T1).

A absorção de N, P e K pelo grão (57,99, 12,48 e 41,66 kg ha^{-1}, respetivamente) foi registada com a aplicação de azoto a % basal + ^ à altura do joelho + % de desponta (T4). Considerando que, o menor consumo de N, P e K por grão (48,57, 9,97 e 35,14 kg ha^{-1}) foi registado com a aplicação de azoto a ^ basal + ^ na altura do joelho (T_1).

A absorção significativamente mais elevada de N, P e K pela forragem (82,86, 21,58 e 117,21 kg ha^{-1}, respetivamente) foi registada com a aplicação de azoto a % basal + ^ à altura do joelho + % de desponta (T_4). A absorção significativamente mais baixa de N, P e K pela forragem (58,46, 17,74 e 82,68 kg ha^{-1}) foi registada com a aplicação de azoto a ^ basal + ^ na altura do joelho (T_1). Este resultado pode ser devido ao fornecimento consistente e adequado de azoto durante o período de floração, que é o período de maior procura no que diz respeito à nutrição mineral. A maior remoção de N, P e K com este nível pode ser devido ao melhor desenvolvimento da raiz e do rebento, resultando numa maior absorção de N, P e K. Estas conclusões foram apoiadas por Kumar *et al.* (2014) e Hanway, (1962).

O N e o P disponíveis foram significativamente influenciados pelos diferentes tratamentos de gestão de nutrientes. O N e o P disponíveis significativamente mais elevados (189,95 e 45,84 kg ha^{-1}, respetivamente) no solo após a colheita foram registados com a aplicação de azoto a % basal + ^ à altura do joelho + % de desponta

(T_4). Os valores significativamente mais baixos de N disponível e P_2O_5 no solo após a colheita (156,37 e 39,49 kg ha^{-1}, respetivamente) foram registados com uma aplicação de azoto a ^ basal + ^ na altura do joelho (T_1). Os dados revelaram que o K_2O disponível em solo após a colheita devido a diferentes tempos de aplicação de azoto não foi significativo. A razão pode ser explicada pelo facto de a disponibilidade regular de N, de acordo com as necessidades da cultura, ter resultado numa maior absorção de N, o que aumentou a sua concentração na planta e, consequentemente, o rendimento da aplicação de N em três parcelas iguais. Estes resultados também são apoiados pelas conclusões de Bindhani *et al.* (2007) e Kumar *et al.* (2014).

5.6.5 Economia

A aplicação de nitrogénio a % basal + ^ na altura do joelho + % no tasseling (T_4) obteve o máximo retorno líquido (240519 Rs. ha^{-1}) com o rácio B:C de 4.34, que foi seguido pela aplicação de nitrogênio em $^1/3$ basal + $^1/3$ altura do joelho + $^1/3$ tasseling (T3) com retorno líquido de (225234 Rs. ha^{-1}) e relação B:C 4.12, enquanto o menor retorno líquido (160941 Rs. ha^{-1}) com a relação B:C de 3.37 foi obtido com a aplicação de nitrogênio em ^ basal + ^ na altura do joelho (T1). Isto foi atribuído a uma maior produção de espiga e forragem e também os fertilizantes químicos são mais baratos e requerem menos quantidade para fornecer a dose recomendada de nutrientes, portanto o custo de cultivo foi menor com a aplicação de nitrogénio a % basal + ^ na altura do joelho + % de borbulha (T4), o que se reflectiu em última análise num maior retorno líquido e BCR. Estes resultados estão em conformidade parcial com os relatados por Kumar (2014). Maiores rendimentos de espigas verdes e forragem contribuíram diretamente para os retornos com níveis mais elevados de azoto. Kumar (2009) e Bhatt (2012) observaram resultados semelhantes.

CAPÍTULO - VI

RESUMO E CONCLUSÃO

A presente investigação intitulada "Resposta do milho doce (*Zea mays* L. *saccharata*) a diferentes taxas e tempos de aplicação de azoto nas condições do sul de Gujarat" foi realizada durante a época *rabi* de 2017-18 no Departamento de Agronomia, Universidade Agrícola de Navsari, Navsari.

A experiência foi desenhada em blocos aleatórios factoriais (FRBD) com dezasseis tratamentos compostos por dois factores, a *saber* Quatro níveis de taxa de nitrogênio (N1-90 kg ha^{-1} , N2-120 kg ha^{-1} , N3-150 kg ha^{-1} e N4-180 kg ha-1), quatro níveis de tempo de aplicação de nitrogênio (T1 - ^ basal + ^ na altura do joelho kg ha^{-1}, T2 - ^ basal + % altura do joelho + % desfolhamento, T3 - 1/3 basal + 1/3 altura do joelho + 1/3 desfolhamento, T4 - % basal + ^ na altura do joelho + % desfolhamento), replicados três vezes. O esquema consistiu em 48 parcelas com o tamanho bruto da parcela de 3,6 m x 3,2 m e o tamanho líquido da parcela de 2,4 m x 2,4 m.

O solo do local experimental era de textura argilosa (66,48 %), baixo em azoto disponível (209,6 kg ha^{-1}), médio em fósforo disponível (40,62 kg ha^{-1}) e bastante rico em potássio disponível (384,32 kg $ha^{-1)}$ com pH 7,9. As condições climáticas, particularmente a temperatura, a humidade relativa, as horas de sol brilhante e a velocidade do vento, foram favoráveis ao crescimento da cultura. A colheita foi efectuada em 23 de fevereiro de 2018.

A irrigação foi efectuada imediatamente após a sementeira. O preenchimento das lacunas foi efectuado 14 dias após a sementeira. No total, foram efectuadas seis regas. A pulverização de herbicida de pré-emergência e uma intercultura seguida de uma monda manual aos 30 DAS foram efectuadas durante o período crítico de competição das ervas daninhas com a cultura. Foram tomadas medidas fitossanitárias para proteger a cultura de pragas de insectos.

As várias observações auxiliares de crescimento foram registadas periodicamente, juntamente com as primeiras observações honestas, para avaliar os efeitos dos vários tratamentos.

Os dados sobre a contagem de emergência e o estado final das plantas revelaram que o estado das plantas era ótimo e bastante uniforme. A variação no crescimento, nos caracteres que contribuem para o rendimento e no rendimento deveu-se aos efeitos dos tratamentos. O estande de plantas não diferiu significativamente devido a diferentes níveis de nitrogênio e tempo de aplicação de nitrogênio no estágio inicial de crescimento (30 DAS) e na colheita de milho doce.

Os resultados experimentais apresentados e discutidos nos capítulos anteriores são resumidos e concluídos aqui sob quatro grandes títulos.

6.1 Efeito dos níveis de azoto

- As plantas com maior altura (115,78 cm e 207,99 cm) foram significativamente mais altas sob a taxa de azoto de 180 kg N ha^{-1} (N_4) aos 60 anos e na colheita do milho doce, respetivamente.
- Entre os níveis de azoto testados, 180 kg N ha^{-1} (N4) registou significativamente o

número máximo de folhas (10,95 e 15,60 respetivamente) por planta aos 60 anos e na colheita do milho doce.

- O diâmetro do caule foi significativamente maior (1,40 cm e 1,94 cm, respetivamente) com 180 kg N ha^{-1} (N_4) aos 60 anos e na colheita, respetivamente.
- Os dias para 50% de desponta foram observados mais cedo (51,41 dias) no nível de azoto de 90 kg N ha^{-1} (N_4).
- O número de espigas por planta registado na colheita devido aos diferentes níveis de azoto não foi significativo.
- O maior comprimento de espiga com e sem casca (23,78 cm e 17,38 cm, respetivamente) foi obtido com 180 kg N ha^{-1} (N4).
- O diâmetro da espiga com e sem casca (5,98 cm e 5,06 cm, respetivamente) foi significativamente mais elevado com o nível de azoto de 180 kg N ha^{-1} (N4).
- O peso da espiga por planta com e sem casca (252,17 g e 210,17 g, respetivamente) foi significativamente mais elevado com 180 kg N ha^{-1} (N4).
- Entre os níveis de azoto testados, 180 kg de N ha^{-1} (N_4) foi encontrado o número significativamente mais elevado de grãos por linha de espiga (34,02).
- O número significativamente mais elevado de fileiras de grãos por espiga (14,14) foi registado com 180 kg N ha^{-1} (N4)
- Entre os níveis de azoto testados, 180 kg N ha^{-1} (N4) foi encontrado o número significativamente mais elevado de grãos por espiga (454,03).
- O peso fresco do grão por espiga (189,95 g) foi registado significativamente mais elevado com o nível de azoto de 180 kg N ha^{-1} (N_4).
- O rendimento significativamente mais elevado de espigas verdes (132,94 q ha^{-1}) foi registado no nível de azoto 180 kg N ha^{-1} (N_4). O rendimento significativamente mais baixo de espigas verdes (94,68 q ha^{-1}) foi registado no nível de azoto de 90 kg N ha^{-1} (N_1).
- O rendimento de forragem verde (307,29 q ha^{-1}) do milho doce foi significativamente mais elevado com o nível de azoto de 180 kg N ha^{-1} (N_4). O rendimento de forragem verde mais baixo (241,55 q ha^{-1}) foi registado com o nível de azoto de 90 kg N $ha^{(-1}$) (N1).
- A produção total de biomassa verde significativamente mais elevada (440,23 q ha^{-1}) foi registada no nível de azoto 180 kg N ha^{-1} (N_4). A produção de biomassa total significativamente mais baixa (336,23 q ha^{-1}) foi registada no nível de azoto de 90 kg N $ha^{(-1}$) (N1).
- A diferença no índice de colheita na colheita foi considerada não significativa devido aos vários níveis de azoto.
- O valor significativamente mais elevado do teor de proteínas no grão e na forragem (10,51 e 3,88 %, respetivamente) foi registado no nível de azoto de 180 kg N ha^{-1} (N_4). O teor significativamente mais baixo de proteínas no grão e na forragem (8,65 e 2,87 %, respetivamente) foi registado no nível de azoto de 90 kg $ha^{(-1}$) (N1).
- Valores significativamente mais elevados de teor de açúcar total no grão (14,96

%) foram registados no nível de azoto 180 kg ha^{-1} (N_4).

- Um teor significativamente mais elevado de N no grão e na forragem (1,681 e 0,621 %, respetivamente) foi registado no nível de azoto de 180 kg N ha^{-1} (N_4). A diferença no conteúdo de P e K no grão e na forragem foi considerada não significativa.
- A absorção significativamente mais elevada de N, P e K pelos grãos (61,49, 13,74 e 45,66 kg ha^{-1}, respetivamente) foi registada no nível de azoto de 180 kg N ha^{-1} (N_4). A absorção significativamente mais baixa de N, P e K pelos grãos (47,50, 9,21 e 30,81 kg ha^{-1}, respetivamente) foi registada em 90 kg N $ha^{(-1}$) ($N_{1)}$.
- Entre os diferentes níveis de azoto, 180 kg N ha^{-1} (N_4) registou uma absorção significativamente mais elevada de N, P e K pela forragem (92,51, 22,19 e 124,19 kg ha^{-1}, respetivamente).
- O máximo de N e P disponível no solo após a colheita (197,25 e 47,53 kg ha^{-1}, respetivamente) foi registado no nível de azoto de 180 kg N ha^{-1} ($N_{4)}$. O K disponível no solo após a colheita não foi significativo nos diferentes níveis de azoto.
- O rendimento líquido máximo (256019 Rs.$ha^{-1)}$ com uma RELAÇÃO B:C de 4,59 foi obtido com o nível de azoto de 180 kg N ha^{-1} (N_4), seguido de 150 kg N ha^{-1} (N_3) com um rendimento líquido de (233051 Rs. $ha^{-1)}$ e uma relação B:C de 4,29.

6.2 Efeito da época de aplicação do azoto

- A aplicação de nitrogénio em % basal + ^ na altura do joelho + % desfolhamento (T_4) registou a altura de planta significativamente mais elevada (112,08 e 208,52 cm) aos 60 DAS e na colheita, respetivamente.
- O número máximo de folhas por planta (10,98 e 15,42) foi registado com % basal + ^ à altura do joelho + % de borbulha (T_4) aos 60 DAS e na colheita, respetivamente.
- A aplicação de nitrogénio em % basal + ^ na altura do joelho + % desfolhamento (T_4) registou significativamente o diâmetro máximo do caule (1,38 cm e 1,93 cm) aos 60 e à colheita, respetivamente.
- Foi registado um dia mínimo de 50 % de desponta (51,99 dias) com a aplicação de azoto em % basal + ^ à altura do joelho + % de desponta (T_4).
- O número de espigas por planta na colheita não foi significativo nas diferentes épocas de aplicação de azoto.
- A aplicação de azoto em % basal + ^ à altura do joelho + % de desponta (T_4) registou significativamente o comprimento máximo de espiga com e sem casca (23,27 cm e 16,95 cm, respetivamente).
- Os maiores diâmetros de espiga com e sem casca (5,85 cm e 4,98 cm, respetivamente) foram encontrados com a aplicação de nitrogênio em % basal + ^ na altura do joelho + % de desponte (T_4).
- Entre os tratamentos de aplicação de nitrogénio, a aplicação de nitrogénio em % basal + ^ na altura do joelho + % de desponta (T_4) foi encontrada com peso significativamente mais elevado de espiga com e sem casca por planta (227,11 e 196,08 g, respetivamente).

- Foram encontrados números significativamente mais altos de grãos por fileira de espiga (32,46) com a aplicação de nitrogênio em % basal + ^ na altura do joelho + % de desponte (T4).
- Foram encontrados números significativamente mais altos de fileiras de grãos por espiga (14,38) com a aplicação de nitrogênio em % basal + ^ na altura do joelho + % de desponte (T4).
- Foram encontrados números significativamente mais elevados de grãos por espiga (409,77) com a aplicação de nitrogénio em % basal + ^ na altura do joelho + % de desponta (T_4).
- O peso fresco do grão por espiga (183,56 g) foi significativamente maior com aplicação de nitrogênio em % basal + ^ na altura do joelho + % de desponte (T4).
- Foi registada uma produção significativamente mais elevada de espigas verdes (126,99 q ha^{-1}) com a aplicação de azoto a % basal + ^ à altura do joelho + % de desponta (T_4). Considerando que, o menor rendimento de espigas verdes (91,07 q ha^{-1}) foi encontrado com a aplicação de nitrogênio em ^ basal + ^ na altura do joelho (T1).
- Foi registado um rendimento significativamente mais elevado de forragem verde (293,14 q ha^{-1}) com a aplicação de azoto a % basal + ^ na altura do joelho + % de desponta (T_4). Considerando que, o menor rendimento de forragem verde (91,07 q ha^{-1}) foi encontrado com a aplicação de nitrogênio em ^ basal + ^ na altura do joelho (T1).
- A produção total de biomassa verde significativamente mais elevada (420,13 q ha^{-1}) foi registada com a aplicação de azoto a % basal + ^ na altura do joelho + % (T4) e foi igual ao tratamento $^1/3$ basal + $^1/3$ altura do joelho + $^1/3$ desponta (T_3). Considerando que, a menor produção de biomassa verde total (340,15q ha-1) foi encontrada com a aplicação de nitrogênio em ^ basal + ^ na altura do joelho (T1).
- A diferença no índice de colheita foi considerada não significativa devido ao tempo de aplicação do azoto.
- Foi registado um teor significativamente mais elevado de proteínas no grão e na forragem (9,89 e 3,54 %, respetivamente) com a aplicação de azoto a % basal + ^ à altura do joelho + % de desponta (T_4). Enquanto que o menor teor de proteínas no grão e na forragem (8,43 e 3,10 %, respetivamente) foi encontrado com a aplicação de nitrogénio a ^ basal + ^ na altura do joelho (T1).
- Valores significativamente mais elevados (10,76 %) de teor de açúcar total no grão com a aplicação de azoto em % basal + ^ à altura do joelho + % de desponta (T_4)
- Foi registado um teor significativamente mais elevado de N no grão (1,582 %) com a aplicação de azoto em % basal + ^ à altura do joelho + % de desponta (T_4). A diferença no conteúdo de P e K no grão foi considerada não significativa.
- Foi registado um teor significativamente mais elevado de N (0,566 %) na forragem com a aplicação de azoto em % basal + ^ à altura do joelho + % de borla (T_4). A diferença no teor de P e K na forragem foi considerada não significativa.
- A absorção de N, P e K (57,99, 12,48 e 41,66 kg ha^{-1}, respetivamente) por grão foi registada com a aplicação de azoto em % basal + ^ na altura do joelho + % de

desponta (T_4).

- Registou-se uma absorção significativamente mais elevada de N, P e K pela forragem (82,86, 21,58 e 117,21 kg ha^{-1}, respetivamente) com a aplicação de azoto em % basal + ^ à altura do joelho + % de desponta (T_4).
- O N e o P disponíveis significativamente mais elevados (189,95 e 45,84 kg ha^{-1}, respetivamente) no solo após a colheita foram registados com a aplicação de azoto a % basal + ^ à altura do joelho + % de desponta (T_4). O K disponível no solo após a colheita devido às diferentes épocas de aplicação de azoto foi considerado não significativo.
- A aplicação de nitrogénio a % basal + ^ na altura do joelho + % no tasseling (T_4) obteve o retorno líquido máximo (240519 Rs. ha^{-1}) com a relação B:C de 4.34, que foi seguido pela aplicação de nitrogénio a $^1/3$ basal + $^1/3$ altura do joelho + $^1/_3$ tasseling (T_3) com retorno líquido de (225234 Rs. ha^{-1}) e relação B:C 4.12, enquanto que o retorno líquido mais baixo (160941 Rs. $ha^{-1)}$ com a relação

A relação B:C de 3,27 foi obtida com a aplicação de azoto a ^ basal + ^ na altura do joelho (T_1).

CONCLUSÃO

A partir dos resultados resumidos neste capítulo, tiram-se as seguintes conclusões válidas.

O maior rendimento de espiga verde e de forragem, com maiores rendimentos líquidos, pode ser obtido com a aplicação de 180 kg ha^{-1} (N_4) de azoto e em três parcelas na altura da % basal + ^ à altura do joelho + % de borbulha (T_4).

Necessidades futuras de investigação:

Uma vez que esta conclusão se baseia em resultados de investigação de uma única estação, a investigação deve ser testada em ensaios em vários locais para confirmação dos resultados.

REFERÊNCIAS

Akbar, H., Miftahullah, Jan, M.T., Jan, A e Ihsanullah. 2002. Potencial de rendimento do milho doce influenciado por diferentes níveis de azoto e população de plantas. *Asian Journal of Plant Sciences,* **1**(6): 631-633.

Akgun, I., e Siyah, C., (2015). Efeitos do biofertilizante (azotobacter spp., mycorrhiza spp., bacillus spp.) e diferentes níveis de azoto no rendimento fresco da espiga e nos componentes do rendimento do milho doce *(Zea mays saccharata Sturt.). Actas do 7º Congresso sobre Proteção das Plantas*, pp. 195199.

Akintoye, H. A., e Kintomo, A. A. (2009). Efeito do azoto no rendimento e nos componentes do rendimento do milho doce nas regiões de savana da Nigéria. *Congresso de Horticultura de África,* 911 pp. 157-161.

Andrade, A. C., da Fonseca, D.M., Queiroz, D.S., Salgado, L.T., e Cecon, P.R. (2003). Adubação nitrogenada e potássica do capim-elefante (*Pennisetum purpureum Schum*). *Ciência e Agrotecnologia*, 27 pp.1643-1651.

Anónimo (2016). Relatório anual da Direção do Milho. Recuperado de https://farmer.gov.in/M cropstaticsmaize.

Anónimo (2019). Base de dados nacional de nutrientes do USDA. Recuperado de https://ndb.nal.usda.gov/ndb/foods/show/305217.

Arvadiya, L. K., Raj, V. C., Patel, T. U. e Arvadiya, M. K. (2012). Influência da população de plantas e da gestão de ervas daninhas na flora de ervas daninhas e na produtividade do milho doce. *Indian Journal of Agronomy*, **57**(2): 162167.

Asaduzzaman, M., Biswas, M., Islam, M. N., Rahman, M. M., Begum, R., e Sarkar, M. A. R. (2014). A variedade e a taxa de N-fertilizante influenciam o crescimento, o rendimento e os parâmetros de rendimento do milho bebé *(Zea mays* L.*). Journal of Agricultural Science,* **6**(3): 118-131.

Basso, C. J., e Ceretta, C.A. (2000). Manejo do nitrogênio no milho em sucessão a plantas de cobertura do solo, sob plantio direto. *Revista Brasileira de Ciência do Solo,* **24**(4): 905-915.

Bhatt, P. S. (2012). Resposta do híbrido de milho doce a diferentes densidades de plantas e níveis de azoto. *Jornal Africano de Investigação Agrícola*, **7**(46): 6158-6166.

Bindhani, A., Barik, K. C., Garnayak, L. M., e Mahapatra, P. K. (2007). Gestão do azoto no milho para bebé (*Zea mays*). *Indian Journal of Agronomy*, ***52***(2): 135-138

Boote, K. J., Bennett, J. M., Sinclair, T. R., e Paulsen, G. M. (1994). Physiology and determination of crop yield (Fisiologia e determinação do rendimento das culturas). Sociedade Americana de Agronomia. Crop Science Society of America e Soil Science Society of America, Wisconsin, EUA.

Calonego, J. C., Palma, H. N., e Foloni, J. S. S. (2012). Adubação nitrogenada foliar com sulfato de amônio e ureia na cultura do milho. *Revista de Ciências Agronómicas*, 34-44.

Cancellier, L, L., Afferri, F.S., de Carvalho, E. V., Dotto, M. A., e Leao, F. F. (2011). Eficiência no uso do nitrogênio e correlação fenotípica em populações de milho tropical no Tocantins. *Ciência Agronômica*, **42**(1): 139-148.

Coldwell, A.C. 1960. The influence of various nitrogen carriers on the availability of fertilizer phosphorus to plants. *Congresso Internacional de Ciência do Solo*, **3**: 517-525.

Dangariya, M. V., Dudhat, M. S., Bavalgave, V. G., e Thanki, J. D. (2017). Crescimento, rendimento e qualidade do milho doce Rabi, influenciados por diferentes espaçamentos e fertilizantes níveis. *Revista Internacional de Ciências Agrárias*, **13**(1): 38-42.

Dhaka, S. K., Dilip, S., Nepalia, V., e Sumeriya, H. K. (2015). Efeito dos níveis de fertilidade nos parâmetros de atribuição de rendimento, teor de nutrientes, absorção e parâmetros de qualidade das variedades de milho doce. *Anais de Biologia,* **31**(2): 198-200.

El-Yazied, A. A., Ragab, M. E., Rawia, E. I., e El-Wafa, S. M. A. (2007). Efeito dos níveis de fertirrigação de azoto e da aplicação foliar de cálcio quelatado na produtividade do milho doce. *Jornal das Universidades Árabes de Ciências Agrícolas*, **15**(1):131-139.

Ferreira, A. C. D. B., Araujo, G. A. D. A., Pereira, P. R. G., e Cardoso, A. A. (2001). Caraterísticas da cultura do milho sob adubação com nitrogênio, molibdênio e zinco. *ScientiaAgricola,* **58**(1): 131-138.

Ghosh, M., Maity, S. K., Gupta, S. K., e Chaudhary, A. R. (2017). Desempenho do milho bebê sob diferentes densidades de plantas e níveis de fertilidade em solos lateríticos do leste da Índia. *Int. J. Pure App. Biosci*, **5**(3): 696-702.

Harikrishna, B. L., Dasog, G. S., e Patil, P. L. (2005). Efeito da profundidade do solo e da aplicação de azoto nos atributos de rendimento do milho e sua análise económica. *Karnataka Journal of Agricultural Sciences*, **18**(2): 370.

Hammad, H., Ashfaq, A., Wajid, F., Farhat, A., Khalifa, Q., e Shafqat, S. (2013). O azoto estimula as caraterísticas fenológicas, o crescimento e os graus-dia de crescimento do milho, *Pak. J. Agri. Sci.,* **50**(3): 337-344.

Hanway, J. J. 1962. Corn growth and composition in relation to soil fertility II - uptake of N, P and K and their distribution in different plant parts during the growing season. *Agron. Journal*, **54**: 217-222.

Hawkins, R.C. e Cooper, P.J.M. 1981. Crescimento, desenvolvimento e rendimento de grãos de milho. *Expt. Agric.,* **17**: 203-207.

Jackson, M. L. 1973. Soil chemical analysis. Prentice hall of India Pvt. Ltd., New Dehli, 183-192.

Kar, P. P., Barik, K. C., Mahapatra, P. K., Garnayak, L. M., Rath, B. S., Bastia, D. K., e Khanda, C. M. (2006). Effect of planting geometry and nitrogen on yield, economics and nitrogen uptake of sweet corn (Zea mays). *Revista Indiana de Agronomia*, **51**(1): 43-45.

Khan, A., Munsif, F., Akhtar, K., Afridi, M. Z., Ahmad, Z., Fahad, S., e Din, M. (2014). Resposta do milho forrageiro a vários níveis de azoto e fósforo. *American Journal of Plant Sciences*, **5**(15): 2323-2329.

Krishna A., Raj Khelka S. V., e Sambasiva R.A., (1998). Efeito do padrão de

plantação e do azoto no milho forrageiro (*Zea mays*) intercalado com feijão-frade (*Vigna unguiculata*). *Indian J. Agron,* **43**(2): 237-240.
Kumar, A. (2008). Produtividade, economia e eficiência da utilização do azoto no milho especial, influenciadas pela densidade de plantação e pela fertilização com azoto. *Indian Journal of Agronomy*, **53**(4): 306-309.
Kumar, A. (2009). Potencial de produção e eficiência de utilização do azoto do milho doce (*Zea mays*) influenciados por diferentes densidades de plantação e níveis de azoto. *Indian Journal of Agricultural Sciences,* **79**(5): 351-355.
Kumar, S., Singh, R., Kumar, A., e Verma, S. P. (2014). Resposta do nitrogênio no milho de inverno (*zea mays* L.) na zona agroclimática da planície central de up, Índia. *Arquivos de plantas,* **14**(1): 321-325.
Kumar, S., Verma, P.K., e Tripathi, A.K. (2014). Efeito do manejo do nitrogênio no rendimento e na economia do milho bebê (*zea mays.). Ambiente e Ecologia,***4**(B): 1788-1792.
Lemaire, G., e Gastal, F. (1997). Absorção e distribuição de N nas copas das plantas. *Em Diagnosis of the Nitrogen Status in Crops*, pp. 3-43.
Massey, J. X., Gaur, B.L. e Sumeriya, H.K. (2014). Rendimento e economia de cultivares de milho doce como inflienciado pela população de plantas e níveis de fertilidade em atributos de rendimento e seu efeito de intreação na zona IV aof Rajasthan. *Revista Internacional de Ciências Agrícolas,* **10**(1): 82-86.
Mathukia, R. K., Choudhary, R. P., Shivran, A., e Bhosale, N. (2014). Resposta do milho doce rabi à geometria da planta e ao fertilizante. *Journal of Crop and Weed,* **10**(1): 189-192
Meena, H., Sharma, G. L., Golada, S. L., e Bairwa, R. K. (2012). Efeito da gestão integrada do azoto no rendimento e na absorção de azoto pelo milho doce. *Madras Agricultural Journal*, **99**(7-9): 503-506.
Milthrope, F. L e Moorby, J. 1979. An introduction to crop physiology, Cambridge University Press, Londres, pp. 1-244.
Naiz, A., Yaseen, M., Arshad, M., e Ahmad, R. (2015). Resposta do rendimento do milho, qualidade e índices de eficiência de uso de nitrogênio a diferentes taxas e tempos de aplicação. *The Journal of Animal and Plant Science,* **25**(4): 1022-1031.
Narayanaswamy, S., e Siddaraju, R. (2011). Influência do espaçamento e da nutrição da planta-mãe no rendimento e na qualidade das sementes de milho doce (*Zea mays var. rugosa*). *Mysore Journal of Agricultural Sciences*, **45**(2): 296-299.
Nunes, E. N., Montenegro, I. D. A., do Nascimento, D. A. M., da Silva, D. A., e Nascimento, R. D. (2013). Análise de crescimento e assimilação de nitrogênio em plantas de milho (*Zea mays* L.). *Revista Verde de Agroecologia e Desenvolvimento Sustentável* , **8**(4).
Olsen, S. R., Cole, G. V., Watanable, F. S. e Dean, L. A. 1954. Estimativa do fósforo disponível no solo por extração com bicarbonato de sódio. *U. S. D. A. Cir*, 939:19.
Otie, V., Ping, A., John, N. M., e Eneji, A. E. (2016). Efeitos interactivos dos reguladores de crescimento das plantas e do azoto no crescimento do milho e na

eficiência da utilização do azoto. *Jornal de Nutrição Vegetal*, **39**(11): 1597-1609.
Panse, V. G. e Sukhatme, P. V. 1967. Statistical Methods for Agricultural Workers. *Conselho Indiano de Investigação Agrícola*, Nova Deli.
Piper, C. S. 1966. Soil and plant analysis. Inter science publisher inc., Nova Iorque.
Prathyusha, C., Hemalatha, S., Praveenrao, V., e Jayasree, G. (2012). Efeito do nitrogênio nos atributos de rendimento e rendimento de milho especial sob o sistema agro-silvi de pongamia + milho. *Nota de Pesquisa J. Res. Angrau*, **40**(4): 124-127.
Raja, V. (2001). Efeito do azoto e da população de plantas no rendimento e na qualidade do milho doce super (*Zea mays*). *Indian Journal of Agronomy*, **46**(2): 246249.
Raskar, S. S., Sonani, V. V., e Patil, P. A. (2013). Estudo da Economia do Milho como influenciado por diferentes níveis de Nitrogénio, Fósforo e Zinco. *Revista Internacional de Publicações Científicas e de Pesquisa,* **3**(10): 1-3.
Sahoo, S. C., e Mahapatra, P. K. (2007). Rendimento e economia do milho doce (*Zea mays*) afectados pela população de plantas e níveis de fertilidade. *Indian Journal of Agronomy*, **52**(3) : 239-242.
Sangoi, L., Almeida, M. L. D., Pucci, A. L. R., Strieder, M., Zanin, C. G., Silva, L. C. D., e Vieira, R. J. (2008). A aplicação antecipada de nitrogênio em cobertura não aumenta o rendimento de grãos de trigo na presença de alumínio. *Ciência Rural,* **38**(4): 912-920.
Singh, U., Saad, A. A., Ram, T., Chand, L., Mir, S. A., e Aga, F. A. (2012). Produtividade, economia e eficiência de utilização do azoto no milho doce (*Zea mays saccharata*), influenciadas pela geometria de plantação e pela fertilização com azoto. *Indian Journal of Agronomy*, **57**(1): 43-48.
Subbaiah, B. V. e Asija, G. L. 1956. Um procedimento rápido para a estimativa do azoto disponível no solo. *Ciência atual,* **25**(7): 259-260.
Sunitha, N., e Reddy, P. M. (2012). Efeito dos níveis graduais de nutrientes e da aplicação de azoto na altura certa no rendimento e na qualidade do milho doce (*Zea mays L.*). *Madras Agricultural Journal,* **99**(4-6): 240-243.
Thakur, A. K., Thakur, D. S., Patel, R. K., Pradhan, A., e Kumar, P. (2015). Efeito de diferentes geometrias de plantas e níveis de nitrogênio, em relação a caracteres de crescimento, rendimento e economia em milho doce (*Zea mays sachharata l.*) Na zona do planalto bastar. *O Bioscan*, **10**(3): 1223-1226.
Tadesse, T., Assefa, A., Liben, M., e Tadesse, Z. (2013). Efeitos da aplicação dividida de nitrogênio na produtividade, eficiência do uso de nitrogênio e benefícios econômicos da produção de milho na Etiópia. *Revista Internacional de Política e Pesquisa Agrícola,* (**4**): 109-115.
Verma, A., e Tomar, G. S. (2014). Efeito da geometria de plantio e dos níveis de nitrogênio no crescimento, rendimento da espiga verde e economia do milho doce (*Zea mays saccharata Sturt.*). *Revista Internacional de Ciências Agrícolas*, **10**(2):766-769.
Wasaya, A., Tahir, A., Tanveer, e Yaseen, M. (2012). Resposta do miaze à lavoura e à gestão do azoto. *The Journal of Animal & Science,* **22**(2): 452-456.

Yazied, A. A., Ragab, M. E., Rawia, E. I., e El-Wafa, S. M. A. (2007). Efeito dos níveis de fertirrigação com azoto e da aplicação foliar de cálcio quelatado na produtividade do milho doce. *Jornal das Universidades Árabes de Ciências Agrícolas*, **15**(1):131-139.

Apêndice I: Custo de cultivo [Rs. ha^{-1}] do milho doce

Sr. Não.	Particularidades	Unidades	Taxa	Total (Rs. ha^{-1})
A)	**Custo fixo**			
1.	Lavoura por trator	6 horas	250 Rs.$hora^{-1}$	1500
2.	Arrebatamento de tractores	3 horas	200 Rs.$hora^{-1}$	600
3.	Custo das sementes	15 Kg ha^{-1}	2500 Rs.kg^{-1}	37500
4.	Formação de feixes e abertura de canais	4 horas	150 Rs.$hora^{-1}$	600
5.	Semeadura	10 trabalhos	178 Rs.$hora^{-1}$	1780
6.	Preenchimento de lacunas	5 trabalhos	178 Rs.dia^{-1}	890
7.	Monda Atrazina	1kg	322 Rs.kg^{-1}	322
	Monda manual	20 trabalhadores	178 Rs.dia^{-1}	3560
	Interculturalidade	1 par de novilhos	750 Rs.dia^{-1}	750
	Aplicação de herbicidas	2 Trabalhos	300 Rs.dia^{-1}	600
8.	Irrigação	6 n.ºs.	418 Rs.$Irrigação^{-1}$	2508
9.	Custo dos fertilizantes			
	SSP	375 Kg ha^{-1}	7,43 Rs.kg^{-1}	2786
	MOP	100 Kg ha^{-1}	11,88 Rs.kg^{-1}	1188
10.	Proteção das plantas			
	Phorate 10-G	10 kg	90 Rs.kg^{-1}	900
	Clorpirifos	1 Lit.	360 Rs.lit^{-1}	360
	Aplicação de pesticidas	2 Trabalhos	178 Rs.dia^{-1}	356
11.	Seleção	36 trabalhadores	178 Rs.dia^{-1}	6408
12.	Colheita	15 trabalhadores	178 Rs.dia^{-1}	2670
13.	Receitas fundiárias	-	50 Rs.ano^{-1}	13
Rs. 50/ha/ano (3 meses)				
Total do fundo de maneio				**65,291**
14. Juros sobre o fundo de maneio a 12% (3 meses)				1958
15.	Taxas de supervisão de 10% sobre ' fundo de maneio (3 meses)			1632
Custo fixo				**68,881**

Apêndice-II: Custo da aplicação dos tratamentos (Rs. ha^{-1}) do milho doce

Tratamento	custo dos fertilizantes	custo de aplicação de fertilizantes N.º de trabalhadores	Custo	Custo total do tratamento
N1T1	1216	12	2136	3352
N1T2	1216	18	3204	4420
N1T3	1216	18	3204	4420
N1T4	1216	18	3204	4420
N2T1	1622	12	2136	3758
N2T2	1622	18	3204	4826
N2T3	1622	18	3204	4826
N2T4	1622	18	3204	4826
N3T1	2028	12	2136	4164
N3T2	2028	18	3204	5232
N3T3	2028	18	3204	5232
N3T4	2028	18	3204	5232
N4T1	2433	12	2136	4569
N4T2	2433	18	3204	5637
N4T3	2433	18	3204	5637
N4T4	2433	18	3204	5637

Taxa utilizada para os produtos e factores de produção

1	Sementes (Rs. Kg-1)	2500
2	Ureia (Rs. Kg-1)	6.22
3	SSP (Rs. Kg-1)	7.43
4	MOP (Rs. Kg-1)	11.88
5	Preço da espiga verde (Rs. Kg-1)	20
6	Preço das forragens verdes (Rs. Kg-1)	2
7	Custos de mão de obra (Rs. Por mão de obra)	178

Apêndice-III: Despesas e receitas de acordo com as combinações de tratamento

Tratamento	Rendimento em espigas verdes (q ha-^{1})	Rendimento de forragem verde (q ha^{1})	Rendimento bruto (Rs. ha^{1})	Total Custo fixo (Rs. ha^{1})	Custo variável total (Rs. ha^{1})	Custo de cultivo (Rs. ha^{1})	Rendimento líquido (Rs. ha^{1})	Rácio B:C
NITI	77.96	218.71	199662	68881	3352	72233	127429	2.76
N1T2	105.19	250.41	260462	68881	4420	73301	187161	3.55
N1T3	91.77	240.58	231656	68881	4420	73301	158355	3.16
N1T4	103.82	256.49	258938	68881	4420	73301	185637	3.53
N2T1	82.49	234.63	211906	68881	3758	72639	139267	2.92
N2T2	96.41	263.37	245494	68881	4826	73707	171787	3.33
N2T3	120.07	256.29	291398	68881	4826	73707	217691	3.95
N2T4	122.47	273.64	299668	68881	4826	73707	225961	4.07
N3T1	105.87	269.94	265728	68881	4164	73045	192683	3.64
N3T2	125.09	276.82	305544	68881	5232	74113	231431	4.12
N3T3	130.84	303.28	322336	68881	5232	74113	248223	4.35
N3T4	130.19	309.25	322230	68881	5232	74113	248117	4.35
N4T1	97.96	273.07	250534	68881	4569	73450	177084	3.41
N4T2	141.98	306.87	345334	68881	5637	74518	270816	4.63
N4T3	140.34	316.03	343886	68881	5637	74518	269368	4.61
N4T4	151.47	333.19	369578	68881	5637	74518	295060	4.96

MIX
Papier aus verantwortungsvollen Quellen
Paper from responsible sources
FSC® C105338
FSC
www.fsc.org

Printed by Books on Demand GmbH, Norderstedt / Germany